Springer Studium Mathematik – Bachelor

Reihe herausgegeben von

M. Aigner, Berlin, Deutschland

H. Faßbender, Braunschweig, Deutschland

B. Gentz, Bielefeld, Deutschland

D. Grieser, Oldenburg, Deutschland

P. Gritzmann, Garching, Deutschland

J. Kramer, Berlin, Deutschland

V. Mehrmann, Berlin, Deutschland

G. Wüstholz, Zürich, Schweiz

EBOOK INSIDE

Die Zugangsinformationen zum eBook Inside finden Sie am Ende des Buchs.

Die Reihe „Springer Studium Mathematik" richtet sich an Studierende aller mathematischen Studiengänge und an Studierende, die sich mit Mathematik in Verbindung mit einem anderen Studienfach intensiv beschäftigen, wie auch an Personen, die in der Anwendung oder der Vermittlung von Mathematik tätig sind. Sie bietet Studierenden während des gesamten Studiums einen schnellen Zugang zu den wichtigsten mathematischen Teilgebieten entsprechend den gängigen Modulen. Die Reihe vermittelt neben einer soliden Grundausbildung in Mathematik auch fachübergreifende Kompetenzen. Insbesondere im Bachelorstudium möchte die Reihe die Studierenden für die Prinzipien und Arbeitsweisen der Mathematik begeistern. Die Lehr- und Übungsbücher unterstützen bei der Klausurvorbereitung und enthalten neben vielen Beispielen und Übungsaufgaben auch Grundlagen und Hilfen, die beim Übergang von der Schule zur Hochschule am Anfang des Studiums benötigt werden. Weiter begleitet die Reihe die Studierenden im fortgeschrittenen Bachelorstudium und zu Beginn des Masterstudiums bei der Vertiefung und Spezialisierung in einzelnen mathematischen Gebieten mit den passenden Lehrbüchern. Für den Master in Mathematik stellt die Reihe zur fachlichen Expertise Bände zu weiterführenden Themen mit forschungsnahen Einblicken in die moderne Mathematik zur Verfügung. Die Bücher können dem Angebot der Hochschulen entsprechend auch in englischer Sprache abgefasst sein.

Weitere Bände in der Reihe http://www.springer.com/series/13446

Folkmar Bornemann

Numerische lineare Algebra

Eine konzise Einführung
mit MATLAB und Julia

2., verbesserte und erweiterte Auflage

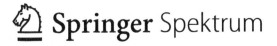

Springer Spektrum

Folkmar Bornemann
Zentrum Mathematik
Technische Universität München
Garching, Deutschland

ISSN 2364-2378   ISSN 2364-2386   (electronic)
Springer Studium Mathematik – Bachelor
ISBN 978-3-658-24430-9   ISBN 978-3-658-24431-6   (eBook)
https://doi.org/10.1007/978-3-658-24431-6

Die Deutsche Nationalbibliothek verzeichnet diese Publikation in der Deutschen Nationalbibliografie; detaillierte bibliografische Daten sind im Internet über http://dnb.d-nb.de abrufbar.

Springer Spektrum

Verantwortlich im Verlag: Ulrike Schmickler-Hirzebruch

Springer Spektrum ist ein Imprint der eingetragenen Gesellschaft Springer Fachmedien Wiesbaden GmbH und ist ein Teil von Springer Nature
Die Anschrift der Gesellschaft ist: Abraham-Lincoln-Str. 46, 65189 Wiesbaden, Germany

The trouble with people is not that they don't know but that they know so much that ain't so.

(Josh Billings 1874)

Vieles hätte ich verstanden
– hätte man es mir nicht erklärt.

(Stanisław Jerzy Lec 1957)

An expert is someone who has made all the mistakes which can be made in a narrow field.

(Niels Bohr 1954)

unteres und adjungiertes oberes Dreieckssystem aus dem Manuskript* von A.-L. Cholesky (1910), vgl. §8.3

* « Sur la résolution numérique des systèmes d'équations linéaires », Fonds André-Louis Cholesky (1875-1918), Abdruck mit freundlicher Genehmigung der Archives de l'Ecole Polytechnique, Palaiseau, Frankreich.

Vorwort

Dieses Buch entstand zur zweistündigen Vorlesung *Einführung in die numerische lineare Algebra* des Bachelorstudiengangs Mathematik an der TU München: Anhand grundlegender Problemstellungen der linearen Algebra wird in das algorithmisch-numerische Denken eingeführt. Die Beschränkung auf die lineare Algebra sichert eine stärkere thematische Kohärenz als sie sonst in einführenden Vorlesungen zur Numerik zu finden ist. Neben diesem didaktischen Aspekt sind die vermittelten Konzepte und Algorithmen von grundsätzlicher Bedeutung für die numerische Praxis und sollten daher möglichst frühzeitig beherrscht werden.

Meine Darstellung betont die Zweckmäßigkeit der Blockpartitionierung von Vektoren und Matrizen gegenüber einer klassischen, komponentenweisen Betrachtung. So erhalten wir nicht nur eine übersichtlichere Notation und kürzere Algorithmen, sondern werden angesichts von Vektorprozessoren und hierachischen Speicherarchitekturen moderner Computer auch zu signifikanten Laufzeitgewinnen geführt. Das Motto lautet daher:

> *Die höhere Abstraktionsstufe gewinnt.*

Beim Thema *Fehleranalyse* ziele ich kompromisslos auf größtmögliche konzeptionelle Schärfe: Nur so erlernt man wirklich hohe Kompetenz in der Beurteilung numerischer Verfahren; anderes (z.B. irgendwelche „Faustregeln") führt nur zu unzuverlässigem, kostenträchtigem und – zuweilen gefährlichem – Halbwissen.

Die Algorithmen und begleitenden numerischen Beispiele werden in der im universitären Unterricht verbreiteten Programmierumgebung MATLAB angegeben, zusätzlich im Anhang B aber auch in der zukunftsweisenden, frei zugänglichen Programmiersprache Julia vom MIT. Ich verbinde damit die Hoffnung, dass die Lektüre meines Buchs zu weiteren Computerexperimenten anregt.

Das begleitende E-Buch bietet als hyperverlinktes PDF-Dokument am Computer zusätzliche Inhalte: Interne Verweise sind blau, externe Verweise rot markiert. Letztere führen auf Erläuterungen von Begriffen und Sachverhalten, die ich als bekannt voraussetzen möchte, oder auf weiterführendes Material wie etwa webbasierte, computergestützte Rechnungen und historische Informationen.

Die 2. Auflage enthält neben Verbesserungen und Ergänzungen (etwa ein neu bearbeiteter §15) weitere zwanzig Aufgaben und wurde an die im August 2018 vorgestellte, nun erstmalig vorwärtskompatible Version 1.0 von Julia angepasst.

München, im Oktober 2018

Folkmar Bornemann
bornemann@tum.de

Laboratorium

Zur Vertiefung der Lektüre empfehle ich, sich ein Laboratorium einzurichten:

Werkzeug 1: Programmierumgebung Wegen ihrer gegenwärtig hohen Verbreitung in universitärer Lehre und industrieller Praxis verwende ich im Buch die Skriptsprache der numerische Entwicklungsumgebung MATLAB der Firma The MathWorks. Als zukunftsweisende, frei zugängliche Alternative empfehle ich jedoch die Programmiersprache Julia vom MIT, für die ich deshalb im Anhang B alle Programme des Buchs erneut zusammengestellt habe.

Werkzeug 2: Rechenknecht Ich werde mich auf Ideen und Konzepte konzentrieren und daher nicht mit Rechnungen aufhalten, die aufgrund ihrer handwerklichen Natur auch von einem „Rechenknecht" übernommen werden könnten. Hierfür eignen sich Computeralgebrasysteme wie Maple oder Mathematica; zu letzterem gibt es über WolframAlpha einen kostenfreien „einzeiligen" Zugang im Internet. Beispiele finden sich mit externen Links (rot) in §§14.2 und 14.3.

Werkzeug 3: Lehrbuch X Um sich den Stoff aus einer weiteren Perspektive erklären zu lassen, sollte ein passendes „X" stets in Griffweite liegen; hier ein paar Empfehlungen aus der *angelsächsischen* Literatur:

- Peter Deuflhard, Andreas Hohmann: *Numerical Analysis in Modern Scientific Computing*, 2. Aufl., Springer-Verlag, New York, 2003.
  Schulbildend; laut Vorwort formte mein jugendlicher Elan die Darstellung der Fehleranalyse.
- Lloyd N. Trefethen, David Bau: *Numerical Linear Algebra*, Society of Industrial and Applied Mathematics, Philadelphia, 1997.
  Ein sehr lebendig geschriebenes Lehrbuch, ein Klassiker und Allzeit-Bestseller des Verlags.
- James W. Demmel: *Applied Numerical Linear Algebra*, Society of Industrial and Applied Mathematics, Philadelphia, 1997.
  Tiefergehend und ausführlicher als der Trefethen–Bau, ebenfalls ein Klassiker.

Werkzeug 4: Nachschlagwerke Zur Vertiefung und als hervorragenden Ausgangspunkt weiterer Recherchen empfehle ich schließlich noch:

- Gene H. Golub, Charles F. Van Loan: *Matrix Computations*, 4. Aufl., The Johns Hopkins University Press, Baltimore 2013.
  Die „Bibel" zum Thema.
- Nicholas J. Higham: *Accuracy and Stability of Numerical Algorithms*, 2. Aufl., Society of Industrial and Applied Mathematics, Philadelphia, 2002.
  Das umfassende moderne Standardwerk zur Fehleranalyse (ohne Eigenwertprobleme).
- Roger A. Horn, Charles R. Johnson: *Matrix Analysis*, 2. Aufl., Cambridge University Press, Cambridge 2012.
  Der Klassiker zur Matrixtheorie; sehr umfassend und dicht, unverzichtbare Standardreferenz.

Inhaltsverzeichnis

I Matrizen und Computer

The purpose of computing is insight, not numbers.

(Richard Hamming 1962)

Applied mathematics is not engineering.

(Paul Halmos 1981)

I Was ist Numerik?

1.1 Numerische Mathematik (kurz: Numerik) kümmert sich um die Konstruktion, Computerimplementierung und Analyse *effizienter Algorithmen* für Probleme mit *großen* Datenmengen aus der *kontinuierlichen* Mathematik. Dabei bedeutet

- *effizient*: sparsamer Einsatz von „Ressourcen" wie Rechenzeit, Speicherplatz;

- *kontinuierlich*: der Grundkörper ist (wie in der Analysis) $\mathbb{R}$ oder $\mathbb{C}$.

1.2 Zwischen diesen beiden Aspekten besteht eine fundamentale Diskrepanz: Als Ergebnis von Grenzprozessen verlangt das Kontinuum eigentlich unendlich lange Rechenzeit und unendlich großen Speicherplatz; um effizient zu werden, müssen wir kontinuierliche Größen geeignet diskretisieren, also endlich machen. Die Werkzeuge hierzu sind: *Maschinenzahlen, Iteration, Approximation*. Wir müssen also gezielt mit Abweichungen von einem imaginierten „exakten" Ergebnis arbeiten und dafür die Genauigkeiten numerischer Ergebnisse kontrollieren. Ein besonderer Reiz des Spiels ist es, durch aufeinander abgestimmte Ungenauigkeiten besonders effizient sein zu können.

1.3 Die numerische lineare Algebra ist eine Basisdisziplin: Hier können zum einen Denk- und Arbeitstechniken der numerischen Mathematik mit geringem technischen Aufwand erlernt werden, zum anderen werden Aufgaben studiert, die als „Unterprobleme" allgegenwärtig sind. Könnte man diese nicht effizient lösen, so stände es um die übergeordnete Aufgabe schlecht bestellt.

© Springer Fachmedien Wiesbaden GmbH, ein Teil von Springer Nature 2018
F. Bornemann, *Numerische lineare Algebra*, Springer Studium Mathematik – Bachelor,
https://doi.org/10.1007/978-3-658-24431-6_1

2 Matrizenkalkül

2.1 Die Sprache der numerischen linearen Algebra ist der *Matrizenkalkül* über $\mathbb{R}$ oder $\mathbb{C}$. Wir werden sehen, dass es nicht nur notationell und konzeptionell, sondern auch im Sinne der Effizienz der Algorithmen von Vorteil ist, auf der Ebene von Matrizen und Vektoren statt nur in Arrays von Zahlen zu denken. Dazu rufen wir zunächst ein paar Sachverhalte der linearen Algebra in Erinnerung, verändern hierbei aber gegenüber dem bisher Gelernten den Blickwinkel (und die Notation).

2.2 Solange wir uns nicht festlegen wollen, steht $\mathbb{K}$ für den Körper der reellen Zahlen $\mathbb{R}$ oder denjenigen der komplexen Zahlen $\mathbb{C}$. In jedem Fall ist

$$\mathbb{K}^{m \times n} = \text{Vektorraum der } m \times n \text{ Matrizen.}$$

Mittels der Identifikationen $\mathbb{K}^m = \mathbb{K}^{m \times 1}$, d.h. Vektoren sind *Spaltenvektoren*, und $\mathbb{K} = \mathbb{K}^{1 \times 1}$ können wir auch Vektoren und Skalare als Matrizen auffassen. Matrizen aus $\mathbb{K}^{1 \times m}$ bezeichnen wir als *Kovektoren* oder *Zeilenvektoren*.

2.3 Zum schnelleren Lesen von Ausdrücken des Matrizenkalküls legen wir für die Zwecke dieser Vorlesung eine *Notationskonvention* fest:

- $\alpha, \beta, \gamma, \ldots, \omega$:   Skalare

- $a, b, c, \ldots, z$:   Vektoren (= Spaltenvektoren)

- $a', b', c', \ldots, z'$:   Kovektoren (= Zeilenvektoren)

- $A, B, C, \ldots, Z$:   Matrizen

Spezialfälle sind:

- k, j, l, m, n, p: Indizes und Dimensionen aus $\mathbb{N}_0$.

Bemerkung. Die Notation für Zeilenvektoren ist kompatibel mit derjenigen aus §2.5 für die Adjunktion von Matrizen und Vektoren und wird sich im Verlauf des Buchs als sehr nützlich erweisen.

2.4 In Komponenten schreiben wir beispielsweise einen Vektor $x \in \mathbb{K}^m$ und eine Matrix $A \in \mathbb{K}^{m \times n}$ in der Form

$$x = \begin{pmatrix} \xi_1 \\ \vdots \\ \xi_m \end{pmatrix} = (\xi_j)_{j=1:m}, \qquad A = \begin{pmatrix} \alpha_{11} & \cdots & \alpha_{1n} \\ \vdots & & \vdots \\ \alpha_{m1} & \cdots & \alpha_{mn} \end{pmatrix} = (\alpha_{jk})_{j=1:m,k=1:n}.$$

Dabei steht $j = 1 : m$ kurz für $j = 1, 2, \ldots, m$. Diese *Kolon-Notation* hat sich in der *numerischen* linearen Algebra eingebürgert und wird von verbreiteten numerischen Programmiersprachen wie FORTRAN90, MATLAB und Julia unterstützt.

2.5 Die zu einer Matrix $A \in \mathbb{K}^{m \times n}$ *adjungierte* Matrix $A' \in \mathbb{K}^{n \times m}$ ist

$$A' = \begin{pmatrix} \alpha'_{11} & \cdots & \alpha'_{m1} \\ \vdots & & \vdots \\ \alpha'_{1n} & \cdots & \alpha'_{mn} \end{pmatrix} = (\alpha'_{jk})_{k=1:n,\, j=1:m}$$

mit $\alpha' = \alpha$ für reelle und $\alpha' = \bar{\alpha}$ für komplexe Skalare.[1] Im reellen Fall spricht man auch von der *transponierten*, im komplexen von der *hermitesch transponierten* Matrix. So ist der Zeilenvektor

$$x' = (\xi'_1, \ldots, \xi'_m)$$

der zum Vektor $x = (\xi_j)_{j=1:m}$ adjungierte *Kovektor*.

2.6 Statt in Komponenten zerlegen wir eine Matrix $A \in \mathbb{K}^{m \times n}$ oft in ihre *Spalten-vektoren* $a^k \in \mathbb{K}^m$ $(k = 1 : n)$

$$A = \begin{pmatrix} | & & | \\ a^1 & \cdots & a^n \\ | & & | \end{pmatrix}$$

bzw. in ihre *Zeilenvektoren* $a'_j \in \mathbb{K}^{1 \times n}$ $(j = 1 : m)$

$$A = \begin{pmatrix} - & a'_1 & - \\ & \vdots & \\ - & a'_m & - \end{pmatrix}.$$

Adjunktion vertauscht Spalten und Zeilen: Die Spalten von A' sind daher die Vektoren a_j $(j = 1 : m)$, die Zeilen die Kovektoren $(a^k)'$ $(k = 1 : n)$.

Bemerkung. Als Merkhilfe: Hochgestellte Indizes entsprechen „aufgestellten" Vektoren (Spaltenvektoren), tiefgestellte Indizes dagegen „hingelegten" Vektoren (Zeilenvektoren).

2.7 Die Standardbasis von $\mathbb{K}^m$ besteht aus den *kanonischen Einheitsvektoren*

$$e^k = ([j = k])_{j=1:m} \qquad (k = 1 : m),$$

wobei wir die praktische Schreibweise der Iverson-Klammer aufgreifen:[2]

$$[\mathcal{A}] = \begin{cases} 1 & \text{falls die Aussage } \mathcal{A} \text{ richtig ist,} \\ 0 & \text{sonst.} \end{cases}$$

---

[1]Die $'$-Notation für die Adjunktion wurde Programmiersprachen wie MATLAB und Julia abgeschaut, ist aber auch in der deutschsprachigen Literatur zur Funktionalanalysis gebräuchlich.

[2]Die Iverson-Klammer ist wesentlich vielseitiger als das Kronecker-Delta und verdiente es, weit besser bekannt zu sein. Ein vielfältiger und virtuoser Umgang findet sich in dem klassischen Werk von R. Graham, D. Knuth, O. Patashnik, *Concrete Mathematics*, 2. Aufl., Addison Wesley, Reading, 1994.

Die Spaltenvektoren a^k einer Matrix A sind nun gerade als Bild der kanonischen Einheitsvektoren e^k unter der durch A vermittelten linearen Abbildung *definiert*:

$$a^k = Ae^k \qquad (k = 1:n). \tag{2.1}$$

2.8 Linearität liefert daher als Bild des Vektors $x = (\xi_k)_{k=1:n} = \sum_{k=1}^{n} \xi_k e^k \in \mathbb{K}^n$

$$\mathbb{K}^m \ni Ax = \sum_{k=1}^{n} \xi_k a^k;$$

statt vom Bild sprechen wir meist vom *Matrix-Vektor-Produkt*. Im Spezialfall eines Kovektors $y' = (\eta_1', \dots, \eta_n')$ erhalten wir

$$\mathbb{K} \ni y'x = \sum_{k=1}^{n} \eta_k' \xi_k; \tag{2.2}$$

dieser Ausdruck heißt *inneres Produkt* der Vektoren y und x.[3] Lesen wir hiermit das Matrix-Vektor-Produkt zeilenweise, so erhalten wir

$$Ax = \begin{pmatrix} a_1' x \\ \vdots \\ a_m' x \end{pmatrix}.$$

2.9 Das innere Produkt eines Vektors $x \in \mathbb{K}^n$ mit sich selbst erfüllt nach (2.2)

$$x'x = \sum_{k=1}^{n} \xi_k' \xi_k = \sum_{k=1}^{n} |\xi_k|^2 \geqslant 0.$$

Wir erkennen hieran unmittelbar, dass $x'x = 0 \Leftrightarrow x = 0$. Die aus der Analysisvorlesung bekannte *euklidische Norm* des Vektors x ist definiert als $\|x\|_2 = \sqrt{x'x}$.

2.10 Das Produkt $C = AB \in \mathbb{K}^{m \times p}$ zweier Matrizen $A \in \mathbb{K}^{m \times n}$ und $B \in \mathbb{K}^{n \times p}$ entspricht der Komposition der zugehörigen linearen Abbildungen. Daher gilt

$$c^k = Ce^k = (AB)e^k = A(Be^k) = Ab^k \qquad (k = 1:p),$$

also mit den Ergebnissen zum Matrix-Vektor-Produkt

$$AB \overset{(a)}{=} \begin{pmatrix} | & & | \\ Ab^1 & \cdots & Ab^p \\ | & & | \end{pmatrix} \overset{(b)}{=} \begin{pmatrix} a_1' b^1 & \cdots & a_1' b^p \\ \vdots & & \vdots \\ a_m' b^1 & \cdots & a_m' b^p \end{pmatrix} \overset{(c)}{=} \begin{pmatrix} - & a_1' B & - \\ & \vdots & \\ - & a_m' B & - \end{pmatrix}. \tag{2.3}$$

Die letzte Gleichheit entsteht, indem wir das Ergebnis davor zeilenweise lesen. Insbesondere sehen wir, dass das Produkt Ax unabhängig davon, ob wir x als Vektor oder als $n \times 1$-Matrix auffassen, das gleiche Ergebnis liefert (es verträgt sich also mit der Identifikation aus §2.2).

---

[3]Man schreibt oft auch $y'x = y \cdot x$; im Englischen heißt es daher *dot product*.

2.11 Da die Adjunktion eine *lineare* Involution[4] auf $\mathbb{K}$ ist, erfüllt das innere Produkt (2.2) die Beziehung

$$(y'x)' = x'y.$$

Aus der zweiten Formel in (2.3) folgt daher sofort die Adjunktionsregel

$$(AB)' = B'A'.$$

2.12 Der Fall $xy' \in K^{m \times n}$ heißt *äußeres Produkt* der Vektoren $x \in \mathbb{K}^m$, $y \in \mathbb{K}^n$,

$$xy' = \begin{pmatrix} \xi_1 \eta_1' & \cdots & \xi_1 \eta_n' \\ \vdots & & \vdots \\ \xi_m \eta_1' & \cdots & \xi_m \eta_n' \end{pmatrix}.$$

Das äußere Produkt ist für $x, y \neq 0$ eine Rang-1-Matrix, ihr Bild wird nämlich vom Vektor x aufgespannt:

$$(xy')z = \underbrace{(y'z)}_{\in \mathbb{K}} \cdot x \qquad (z \in \mathbb{K}^n).$$

2.13 Für $x \in \mathbb{K}^m$ bezeichnen wir die zugehörige *Diagonalmatrix* mit[5]

$$\operatorname{diag}(x) = \begin{pmatrix} \xi_1 & & & \\ & \xi_2 & & \\ & & \ddots & \\ & & & \xi_m \end{pmatrix}.$$

Beachte, dass $\operatorname{diag} : \mathbb{K}^m \to \mathbb{K}^{m \times m}$ eine lineare Abbildung ist. Mit $\operatorname{diag}(e^k) = e^k \cdot e_k'$ (wobei wir $e_k = e^k$ setzen) erhalten wir daher die Basisdarstellung

$$\operatorname{diag}(x) = \sum_{k=1}^{m} \xi_k (e^k \cdot e_k').$$

2.14 Die Einheitsmatrix (*Identität*) $I \in \mathbb{K}^{m \times m}$ ist gegeben durch

$$I = \begin{pmatrix} 1 & & & \\ & 1 & & \\ & & \ddots & \\ & & & 1 \end{pmatrix} = \sum_{k=1}^{m} e^k \cdot e_k'. \tag{2.4}$$

---

[4]Involution auf $\mathbb{K}$: $\xi'' = \xi$ für alle $\xi \in \mathbb{K}$.
[5]Bei solchen komponentenweisen Schreibweisen von Matrizen vereinbaren wir, dass Leerräume übersichtlicherweise immer Nullen entsprechen.

Sie erfüllt $Ie_k = e_k$ $(k = 1 : m)$ und daher (Linearität) $Ix = x$ für alle $x \in \mathbb{K}^m$; also

$$x = \sum_{k=1}^{m} (e_k' x) \cdot e^k, \tag{2.5}$$

d.h. $\xi_k = e_k' x$ $(k = 1 : m)$. Mit angepassten Dimensionen gilt insbesondere $AI = A$ und $IA = A$. Da die Zeilenvektoren von I gerade die e_k' sind, liefert die dritte Formel in (2.3) die zu (2.1) duale Formel

$$a_k' = e_k' A \qquad (k = 1 : m).$$

2.15 Wegen $AB = AIB$ für $A \in \mathbb{K}^{m \times n}$ und $B \in \mathbb{K}^{n \times p}$ folgt aus (2.4)

$$AB = \sum_{k=1}^{n} Ae^k \cdot e_k' B = \sum_{k=1}^{n} a^k \cdot b_k' \tag{2.6}$$

die Darstellung des Matrixprodukts als Summe von Rang-1-Matrizen.

2.16 In (2.3) und (2.6) finden sich insgesamt vier Formeln für das Produkt zweier Matrizen. Man mache sich klar, dass *jede* dieser Formeln in Komponenten ausgeschrieben schließlich die aus der Linearen Algebra 1 vertraute Formel liefert (die Komponenten von A, B und $C = AB$ lauten dabei $\alpha_{jk}, \beta_{kl}, \gamma_{jl}$):

$$\gamma_{jl} = \sum_{k=1}^{n} \alpha_{jk} \beta_{kl} \qquad (j = 1 : m, l = 1 : p). \tag{2.7}$$

Diese komponentenweise Formel ist aber längst nicht so wichtig wie die anderen. Beachte, dass wir die anderen Formeln unabhängig von dieser Formel, ohne große Rechnungen *konzeptionell* hergeleitet haben.

2.17 Alle bisherigen Formeln für $C = AB$ sind *Spezialfälle* einer ganz allgemeinen Formel für Produkte von *Blockmatrizen*:

Lemma. *Zerlegen wir* $A \in \mathbb{K}^{m \times n}$, $B \in \mathbb{K}^{n \times p}$ *als Blockmatrizen*

$$A = \begin{pmatrix} A_{11} & \cdots & A_{1r} \\ \vdots & & \vdots \\ A_{q1} & \cdots & A_{qr} \end{pmatrix}, \qquad B = \begin{pmatrix} B_{11} & \cdots & B_{1s} \\ \vdots & & \vdots \\ B_{r1} & \cdots & B_{rs} \end{pmatrix}$$

in die Untermatrizen $A_{jk} \in \mathbb{K}^{m_j \times n_k}$, $B_{kl} \in \mathbb{K}^{n_k \times p_l}$ *mit*

$$m = \sum_{j=1}^{q} m_j, \qquad n = \sum_{k=1}^{r} n_k, \qquad p = \sum_{l=1}^{s} p_l,$$

dann besitzt das Produkt $C = AB \in \mathbb{K}^{m \times p}$ die Blockzerlegung

$$C = \begin{pmatrix} C_{11} & \cdots & C_{1s} \\ \vdots & & \vdots \\ C_{q1} & \cdots & C_{qs} \end{pmatrix} \quad \text{mit} \quad C_{jl} = \sum_{k=1}^{r} A_{jk} B_{kl} \qquad (j = 1 : q, l = 1 : s). \quad (2.8)$$

Bemerkung. Ein Vergleich der Produktformeln (2.7) und (2.8) zeigt, dass man mit solchen Blockzerlegungen formal so rechnen darf, „als ob" die Blöcke Skalare wären. Im Blockfall muss allerdings sehr sorgfältig auf die korrekte Reihenfolge der Faktoren geachtet werden: Im Gegensatz zu $\beta_{kl}\alpha_{jk}$ ist nämlich $B_{kl}A_{jk}$ fast immer *falsch* und meist sogar völlig *sinnlos*, da die Dimensionen dann gar nicht zusammenpassen müssen.

Beweis. Zum Beweis von (2.8) unterteilen wir auch Vektoren $x \in \mathbb{K}^n$ gemäß

$$x = \begin{pmatrix} x_1 \\ \vdots \\ x_r \end{pmatrix}, \qquad x_k \in \mathbb{K}^{n_k} \quad (k = 1 : r),$$

und betrachten die durch

$$N_k x = x_k$$

definierte lineare Abbildung $N_k \in \mathbb{K}^{n_k \times n}$. Multiplikation mit N_k von links bewerkstelligt also die Auswahl der zu n_k gehörigen Blockzeilen; Adjunktion zeigt, dass die Multiplikation mit N_k' von rechts die entsprechenden Blockspalten liefert. Analog definieren wir $M_j \in \mathbb{K}^{m_j \times m}$ und $P_l \in \mathbb{K}^{p_l \times p}$. Damit gilt

$$C_{jl} = M_j C P_l', \qquad A_{jk} = M_j A N_k', \qquad B_{kl} = N_k B P_l'.$$

Die behauptete Formel (2.8) zur Blockmultiplikation ist daher äquivalent zu

$$M_j C P_l' = M_j A \left(\sum_{k=1}^{r} N_k' N_k \right) B P_l' \qquad (j = 1 : q, l = 1 : s)$$

und folgt in der Tat aus $C = AB$, wenn grundsätzlich

$$\sum_{k=1}^{r} N_k' N_k = I \in \mathbb{K}^{n \times n}. \qquad (*)$$

Für $x, y \in \mathbb{K}^n$ mit den Blockabschnitten $x_k = N_k x$, $y_k = N_k y$ gilt aber, indem wir die Summe in der Formel (2.2) für das innere Produkt *blockweise* ausführen,

$$x' I y = x' y = \sum_{k=1}^{r} x_k' y_k = x' \left(\sum_{k=1}^{r} N_k' N_k \right) y.$$

Lassen wir x und y die Standardbasis von $\mathbb{K}^n$ durchlaufen, so ist (*) bewiesen. $\square$

Aufgabe. Zeige: Die fünf Formeln in (2.3), (2.6), (2.7) sowie $C = AB$ selbst sind tatsächlich Spezialfälle des Blockprodukts (2.8). Veranschauliche die zugehörigen Blockzerlegungen.

3 MATLAB

3.1 MATLAB (MATrix LABoratory) ist der Markenname einer kommerziellen Software, die in Industrie und Hochschulen zur numerischen Simulation, Datenerfassung und Datenanalyse mittlerweile sehr weit verbreitet ist.[6] Sie stellt über eine einfache Skriptsprache eine elegante Schnittstelle zur Matrizen-basierten Numerik dar, wie sie dem Stand der Kunst durch die optimierte BLAS-Bibliothek (Basic Linear Algebra Subprograms) des Prozessorherstellers und die Hochleistungs-Fortran-Bibliothek LAPACK für lineare Gleichungssysteme, Normalformen und Eigenwertprobleme entspricht.

MATLAB hat sich zu einer Art Standard entwickelt und z. Zt. wird von jedem Mathematiker und Ingenieur erwartet, dass er/sie über Grundkenntnisse verfügt. Es empfiehlt sich ein Lernen an konkreten Aufgaben, wir werden deshalb alle Algorithmen in MATLAB programmieren. Eine kurze Einführung (für Leser mit etwas Programmierkenntnissen) findet sich im Anhang A.

3.2 In MATLAB sind Skalare und Vektoren stets Matrizen; die Indentifikationen

$$\mathbb{K}^m = \mathbb{K}^{m \times 1}, \qquad \mathbb{K} = \mathbb{K}^{1 \times 1},$$

sind hier also Design-Prinzip. Die Grundoperationen des Matrizenkalküls lauten:

Bedeutung	Formel	MATLAB
Komponente von x	ξ_k	x(k)
Komponente von A	α_{jk}	A(j,k)
Spaltenvektor von A	a^k	A(:,k)
Zeilenvektor von A	a'_j	A(j,:)
Untermatrix von A	$(\alpha_{jk})_{j=m:p,k=n:l}$	A(m:p,n:l)
Adjungierte von A	A'	A'
Matrixprodukt	AB	A*B
Identität	$I \in \mathbb{K}^{m \times m}$	eye(m)
Nullmatrix	$0 \in \mathbb{K}^{m \times n}$	zeros(m,n)

---

[6]Hochaktuelle Open-Source-Alternativen sind Julia, ausführlich behandelt in Anhang B, und die Python-Bibliotheken NumPy und SciPy, siehe H. P. Langtangen: *A Primer on Scientific Programming with Python*, 5. Aufl., Springer-Verlag, Berlin, 2016.

3.3 Zur Übung wollen wir alle fünf Formeln (2.3), (2.6) und (2.7) für das Produkt $C = AB$ der Matrizen $A \in \mathbb{K}^{m \times n}$, $B \in \mathbb{K}^{n \times p}$ als MATLAB-Programm schreiben:

Programm 1 (Matrixprodukt: spaltenweise).

```
1  C = zeros(m,p);
2  for l=1:p
3    C(:,l) = A*B(:,l);
4  end
```

$$C = \begin{pmatrix} | & & | \\ Ab^1 & \cdots & Ab^p \\ | & & | \end{pmatrix}$$

Programm 2 (Matrixprodukt: zeilenweise).

```
1  C = zeros(m,p);
2  for j=1:m
3    C(j,:) = A(j,:)*B;
4  end
```

$$C = \begin{pmatrix} - & a_1' B & - \\ & \vdots & \\ - & a_m' B & - \end{pmatrix}$$

Programm 3 (Matrixprodukt: innere Produkte).

```
1  C = zeros(m,p);
2  for j=1:m
3    for l=1:p
4      C(j,l) = A(j,:)*B(:,l);
5    end
6  end
```

$$C = \begin{pmatrix} a_1' b^1 & \cdots & a_1' b^p \\ \vdots & & \vdots \\ a_m' b^1 & \cdots & a_m' b^p \end{pmatrix}$$

Programm 4 (Matrixprodukt: äußere Produkte).

```
1  C = zeros(m,p);
2  for k=1:n
3    C = C + A(:,k)*B(k,:);
4  end
```

$$C = \sum_{k=1}^{n} a^k \cdot b_k'$$

Programm 5 (Matrixprodukt: komponentenweise).

```
1  C = zeros(m,p);
2  for j=1:m
3    for l=1:p
4      for k=1:n
5        C(j,l) = C(j,l) + A(j,k)*B(k,l);
6      end
7    end
8  end
```

$$C = \left(\sum_{k=1}^{n} \alpha_{jk}\beta_{kl} \right)_{j=1:m, l=1:p}$$

3.4 Wenden wir diese Programme auf zwei Zufallsmatrizen $A, B \in \mathbb{R}^{1000 \times 1000}$ an, so ergeben sich folgende Laufzeiten (in Sekunden):[7]

Programm	#for-Schleifen	MATLAB [s]	C & BLAS [s]
A * B	0	0.025	0.024
spaltenweise	1	0.18	0.17
zeilenweise	1	0.19	0.17
äußere Produkte	1	1.1	0.24
innere Produkte	2	3.4	1.3
komponentenweise	3	7.2	1.3

Zum Vergleich mit einer kompilierten (d.h., in Maschinecode übersetzten) Sprache haben wir das Gleiche auch in C implementiert und dabei (wie MATLAB auch) die zugehörigen optimierten Fortran BLAS-Routinen aufgerufen.

Wir beobachten Laufzeitunterschiede von bis zu einem Faktor 300 für MATLAB und bis zu einem Faktor 50 für C & BLAS; diese wollen wir in §4 erklären und genauer verstehen, bevor wir uns anderen Aufgaben zuwenden.

Bemerkung. Man überzeuge sich davon, dass alle sechs Programme wirklich *exakt* die gleichen Additionen und Multiplikationen ausführen, nur in verschiedener Abfolge.

3.5 Ein Ordnungsprinzip können wir bereits festhalten: Je weniger for-Schleifen, desto schneller. Wenn es gelingt, einen Algorithmus in Matrix-Matrix-Operationen auszudrücken sind wir schneller als nur mit Matrix-Vektor-Operationen; diese sind schneller als Vektor-Operationen, die wiederum gegenüber komponentenweisen Rechnungen im Vorteil sind: *Die höhere Abstraktionsstufe gewinnt.*

4 Laufzeiten

4.1 Kostenpunkte für die Laufzeit eines Programms sind in der Numerik:

- Gleitkomma-Operationen (*reelle* arithmetische Operationen: $+, -, \cdot, /, \sqrt{}$)

- Speicherzugriffe

- Overhead (versteckte Operationen und Speicherzugriffe)

4.2 Im Idealfall verursachen nur die Gleitkomma-Operationen (flop = Floating Point Operation) Kosten und es würde reichen, sie zu zählen.[8]

---

[7]Laufzeitmessungen erfolgen auf einem 2017 MacBook Pro 13″ mit 3.5 GHz Intel Core i7 Prozessor.

[8]Für $\mathbb{K} = \mathbb{C}$ muss gegenüber $\mathbb{K} = \mathbb{R}$ durchschnittlich ein Faktor 4 aufgeschlagen werden: Die Multiplikation in $\mathbb{C}$ kostet nämlich 6 flop und die Addition 2 flop.

Aufgabe	Dimensionen	# flop	# flop ($m = n = p$)
$x'y$	$x, y \in \mathbb{R}^m$	$2m$	$2m$
$x\,y'$	$x \in \mathbb{R}^m, y \in \mathbb{R}^n$	mn	m^2
Ax	$A \in \mathbb{R}^{m \times n}, x \in \mathbb{R}^n$	$2mn$	$2m^2$
AB	$A \in \mathbb{R}^{m \times n}, B \in \mathbb{R}^{n \times p}$	$2mnp$	$2m^3$

Dabei betrachten wir nur die *führende* Ordnung für wachsende Dimensionen:

Beispiel. Das innere Produkte in $\mathbb{R}^m$ benötigt nach (2.2) m Multiplikationen und $m - 1$ Additionen, d.h. $2m - 1$ Operationen; die führende Ordnung ist $2m$.

4.3 Kostet eine Gleitkomma-Operation eine Zeiteinheit t_{flop}, so ist die Spitzen-laufzeit (*Peak-Performance*)

$$T_{\text{peak}} = \# \text{flop} \cdot t_{\text{flop}}$$

mit dem zugrundliegenden Algorithmus grundsätzlich nicht zu unterbieten. Der Ehrgeiz des Numerikers, Informatikers und Computerherstellers ist es, zumindest für große Dimensionen dieser Peak-Performance so nahe wie möglich zu kommen, indem die Laufzeit für Speicherzugriffe und Overhead gezielt minimiert wird.

Beispiel. Die CPU in §3.4 hat eine Peak-Performance von etwa 84 Gflop/s. Damit wäre $T_{\text{peak}} = 0.024$s für die $2 \cdot 10^9$ flop der Matrix-Multiplikation mit $m = 1000$; die tatsächliche Laufzeit für das Programm A*B entspricht dem sehr genau (wobei die Zeitangabe mit zwei signifikanten Ziffern einen Fehler von 2% zulässt).

4.4 Moderne Rechnerarchitekturen nutzen das *Pipelining in Vektorprozessoren*. Wir erklären das am Beispiel der Addition.

Beispiel. Um zwei Gleitkommazahlen zu addieren, müssen schematisch folgende Arbeitsschritte *nacheinander* ausgeführt werden (vgl. §11.6):

In dieser Form benötigt der Prozessor also 3 Taktzyklen für eine Addition. Addieren wir nun auf diese Weise Komponente für Komponente zwei m-dimensionale Gleitkomma-Vektoren, so benötigen wir $3m$ Taktzyklen. Stellen wir uns das ganze aber als eine Art Fertigungsstraße (Pipeline) vor, so können wir *zeitgleich* an jeder Arbeitsposition bereits die nächste Komponente bearbeiten:

	Anpassen	Addieren	Normalisieren	
$\xi_{10} \longrightarrow$	ξ_9	ξ_8		
$\eta_{10} \longrightarrow$	$\eta_9 \longrightarrow$	$\eta_8 \longrightarrow$	$\zeta_7 \longrightarrow \zeta_6$	

So werden Vektoren der Länge m in $m + 2$ Taktzyklen addiert, das Pipelining beschleunigt die Addition für große m also um nahezu einen Faktor *drei*.

4.5 Zugriffe auf Speicherplatz kosten prinzipiell Zeit. Es gibt sehr schnellen, aber teueren Speicher und langsamen, sehr viel preiswerteren Speicher. Deshalb arbeiten moderne Rechner mit einer Hierarchie verschieden schneller Speicher, mit viel langsamen und wenig schnellem Speicher (von schnell zu langsam geordnet, mit typischen Größen für einen Desktop mit moderner 3GHz CPU):

Speichertyp	typische Größe
CPU-Register	128 B
L1-Cache	32 KiB
L2-Cache	256 KiB
L3-Cache	8 MiB
RAM	8 GiB
SSD	512 GiB
HD	3 TiB

Die Zugriffsgeschwindigkeiten reduzieren sich dabei von 20GiB/s auf 100MiB/s, d.h. um etwa 2-3 Größenordnungen.

4.6 Durch geschickte Organisation der Speicherzugriffe kann man dafür sorgen, dass ein Vektorprozessor seine nächsten Operanden immer in der Pipeline vorfindet und Input bzw. Output der Rechnung nur je *einmal* aus dem Hauptspeicher ausgelesen bzw. zurückgeschrieben wird. Bezeichnen wir mit $\#\mathrm{iop}$ die Anzahl solcher Input-Output-Zugriffe auf den Hauptspeicher (RAM) und mit t_iop die Zugriffszeit, so ist eine derart *optimierte* Laufzeit

$$T = \#\mathrm{flop} \cdot t_\mathrm{flop} + \#\mathrm{iop} \cdot t_\mathrm{iop} = T_\mathrm{peak}\left(1 + \frac{\tau}{q}\right).$$

mit der maschinenabhängigen Größe $\tau = t_\mathrm{iop}/t_\mathrm{flop} \approx 10$ für moderne Architekturen und der vom Algorithmus abhängigen *Effizienzquote*

$$q = \frac{\#\mathrm{flop}}{\#\mathrm{iop}} = \text{Gleitkomma-Operationen pro Input-Output-Zugriff.}$$

In führender Ordnung erhalten wir so beispielsweise (alle Dimensionen $= m$):

	Operation	$\#\mathrm{flop}$	$\#\mathrm{iop}$	q
$x'y$	inneres Produkt	$2m$	$2m$	1
xy'	äußeres Produkt	m^2	m^2	1
Ax	Matrix-Vektor-Produkt	$2m^2$	m^2	2
AB	Matrix-Matrix-Produkt	$2m^3$	$3m^2$	$2m/3$

Beispiel. Wir können jetzt einige der Unterschiede der Tabelle in §3.4 _quantitativ_ erklären: Mit $q = 2000/3$ und $\tau \approx 10$ sollte A*B nur um etwa 2% langsamer als die Peak-Performance sein, was nach §4.3 im Rahmen der Genauigkeit der Zeitangaben liegt. Die zeilen- und spaltenweise Versionen sollten um etwa einen Faktor 6 langsamer sein (was der Fall ist), die Version mit dem äußeren Produkt grob um einen Faktor 11 (was für C & BLAS zutrifft). Deutlicher Overhead ist bei MATLAB bereits für die äußeren Produkte und insgesamt dann im Spiel, wenn nur mit Vektoren oder komponentenweise gerechnet wird.

4.7 Zur _Abkapselung_ aller hardwarespezifischen Optimierungen wurde mit der BLAS-Bibliothek (Basic Linear Algebra Subprograms) eine standardisierte Schnittstelle geschaffen:[9]

- Level-1-BLAS (1973): Vektor-Operationen, ersetzt _eine_ for-Schleife.

- Level-2-BLAS (1988): Matrix-Vektor-Operationen, ersetzen _zwei_ for-Schleifen.

- Level-3-BLAS (1990): Matrix-Matrix-Operationen, ersetzen _drei_ for-Schleifen.

Beispiel. Eine Auswahl wichtiger BLAS-Routinen ($q = \#\,\mathrm{flop}/\#\,\mathrm{iop}$):[10]

BLAS-Level	Name	Operation		q
1	xAXPY	$y \leftarrow \alpha x + y$	skalierte Addition	2/3
1	xDOT	$\alpha \leftarrow x'y$	inneres Produkt	1
2	xGER	$A \leftarrow \alpha xy' + A$	äußeres Produkt	3/2
2	xGEMV	$y \leftarrow \alpha Ax + \beta y$	Matrix-Vektor-Produkt	2
3	xGEMM	$C \leftarrow \alpha AB + \beta C$	Matrix-Matrix-Produkt	$m/2$

Der markante Effizienzgewinn bei Verwendung von Level-3-BLAS verdankt sich dabei grundsätzlich einer Effizienzquote q, die linear in der Dimension m wächst.

MATLAB enthält optimiertes BLAS für alle gängigen Plattformen und verkapselt es in einer sehr Mathematik-nahen Skriptsprache. Wenn wir vor der Alternative stehen, sollten wir Algorithmen stets so formulieren, dass sie möglichst reichhaltig einen hohen BLAS-Level nutzen: _Die höhere Abstraktionsstufe gewinnt._

---

[9]Optimierte Implementierungen liefern die namhaften CPU-Hersteller oder das ATLAS-Projekt.

[10]Der Buchstabe x im Namen steht dabei für S, D, C oder Z, das sind der Reihe nach die Kürzel für einfach- oder doppelt-genaue reelle bzw. einfach- oder doppelt-genaue komplexe Gleitkommazahlen (wir diskutieren das später genauer).

4.8 Es ist *kein* Zufall, dass die zeilenweise Multiplikation in §3.4 etwas langsamer ausfällt als die spaltenweise. Die Programmiersprache Fortran (und damit BLAS, LAPACK und MATLAB) speichert eine Matrix

$$A = \begin{pmatrix} \alpha_{11} & \cdots & \alpha_{1n} \\ \vdots & & \vdots \\ \alpha_{m1} & \cdots & \alpha_{mn} \end{pmatrix}$$

nämlich *spaltenweise* (column-major order):

$\alpha_{11} \cdots \alpha_{m1}$	$\alpha_{12} \cdots \alpha_{m2}$	$\cdots$	$\alpha_{1n} \cdots \alpha_{mn}$

Damit erfordern Operationen auf Spalten im Gegensatz zu Zeilen keine Indexrechnungen (= weiterer Overhead); spaltenweise Algorithmen sind vorzuziehen. In C oder Python werden Matrizen hingegen *zeilenweise* (row-major order) gespeichert:

$\alpha_{11} \cdots \alpha_{1n}$	$\alpha_{21} \cdots \alpha_{2n}$	$\cdots$	$\alpha_{m1} \cdots \alpha_{mn}$

Hier sollte man dann zeilenweise Algorithmen benutzen. Durch gutes Speichermanagement ist der Effekt aber längst nicht mehr so ausgeprägt wie früher.

4.9 Die Laufzeit eines Algorithmus wird auch von der Art der Programmiersprache mitbestimmt; es ergeben sich in etwa folgende Faktoren der Verlangsamung:[11]

- Assembler $\equiv$ Maschinensprache *(hardwareabhängig)*: $1\times$

- Fortran, C, C++ $\xrightarrow{\text{Compiler}}$ Maschinensprache: $1\times$

- MATLAB, Python, Julia $\xrightarrow[\text{Compiler}]{\text{JIT}}$ Bytecode für *Virtual Machine*: $1\times - 10\times$

Gute optimierende Compiler ersetzen Vektor-Operationen durch Level-1-BLAS.

5 Dreiecksmatrizen

5.1 Dreiecksmatrizen sind wichtige „Bausteine" der numerischen linearen Algebra. Wir definieren *untere* (linke, lower) bzw. *obere* (rechte, upper) Dreiecksmatrizen über die Besetzungsstruktur[12]

$$L = \begin{pmatrix} * & & & \\ * & * & & \\ \vdots & \vdots & \ddots & \\ * & * & \cdots & * \end{pmatrix}, \qquad R = \begin{pmatrix} * & \cdots & * & * \\ & \ddots & \vdots & \vdots \\ & & * & * \\ & & & * \end{pmatrix}.$$

Leere Komponenten stehen – wie in §2.13 vereinbart – für Nullen, '$*$' bezeichnet ein beliebiges Element aus $\mathbb{K}$.

---

[11]JIT = Just in Time

[12]In der angelsächsischen Literatur bezeichnet man obere Dreiecksmatrizen mit dem Buchstaben U.

5.2 Mit $V_k = \text{span}\{e_1, \dots, e_k\} \subset \mathbb{K}^m$ lassen sich solche Matrizen abstrakter wie folgt charakterisieren: $R \in \mathbb{K}^{m \times m}$ ist genau dann obere Dreiecksmatrix, wenn[13]

$$RV_k = \text{span}\{r^1, \dots, r^k\} \subset V_k \qquad (k = 1 : m),$$

und $L \in \mathbb{K}^{m \times m}$ genau dann untere Dreiecksmatrix, wenn

$$V_k' L = \text{span}\{l_1', \dots, l_k'\} \subset V_k' \qquad (k = 1 : m).$$

Bemerkung. Untere Dreiecksmatrizen sind die Adjungierten der oberen.

5.3 Invertierbare untere (obere) Dreiecksmatrizen sind unter Multiplikation und Inversion abgeschlossen, d.h. es gilt:

Lemma. *Die invertierbaren unteren (oberen) Dreiecksmatrizen in $\mathbb{K}^{m \times m}$ bilden bzgl. der Matrixmultiplikation eine Untergruppe der* GL$(m; \mathbb{K})$.[14]

Beweis. Für eine *invertierbare* obere Dreiecksmatrix gilt mit $RV_k \subset V_k$ aus Dimensionsgründen sogar $RV_k = V_k$. Also ist auch $R^{-1} V_k = V_k$ $(k = 1 : m)$ und R^{-1} ist ebenfalls obere Dreiecksmatrix. Sind R_1, R_2 obere Dreiecksmatrizen, so gilt

$$R_1 R_2 V_k \subset R_1 V_k \subset V_k \qquad (k = 1 : m).$$

Damit ist auch $R_1 R_2$ obere Dreiecksmatrix. Adjunktion liefert die Behauptung für die unteren Dreiecksmatrizen. $\qquad\qquad\qquad\qquad\qquad\qquad\qquad\qquad\qquad\square$

5.4 Aus dem Laplace'schen Entwicklungssatz folgt sofort

$$\det \begin{pmatrix} \lambda_1 & & & \\ * & \lambda_2 & & \\ \vdots & \vdots & \ddots & \\ * & * & \cdots & \lambda_m \end{pmatrix} = \lambda_1 \det \begin{pmatrix} \lambda_2 & & \\ \vdots & \ddots & \\ * & \cdots & \lambda_m \end{pmatrix} = \cdots = \lambda_1 \cdots \lambda_m;$$

die Determinante einer Dreiecksmatrix ist das Produkt ihrer Diagonalelemente:

Eine Dreiecksmatrix ist also genau dann invertierbar, *wenn alle Diagonalelemente von Null verschieden sind.*

Dreiecksmatrizen, in deren Diagonale nur Einsen stehen, heißen *unipotent.*

Aufgabe. Zeige, dass die unipotenten unteren (oberen) Dreiecksmatrizen eine Untergruppe von GL$(m; \mathbb{K})$ bilden. *Hinweis.* Nutze, dass sich unipotente obere Dreiecksmatrizen R über

$$R = I + N, \qquad NV_k \subset V_{k-1} \qquad (k = 1 : m),$$

charakterisieren lassen. Wegen $N^m = 0$ ist ein solches N *nilpotent.* (Oder zeige *alternativ* die Behauptung mit Induktion über die Dimension; partitioniere dazu wie in §5.5.)

---

[13]Dabei sind $r^1, \dots, r^m$ die Spalten von R, $l_1', \dots, l_m'$ die Zeilen von L und $V_k' = \text{span}\{e_1', \dots, e_k'\}$.

[14]Die allgemeine lineare Gruppe GL$(m; \mathbb{K})$ besteht aus den *invertierbaren* Matrizen in $\mathbb{K}^{m \times m}$ unter der Matrixmultiplikation als Gruppenverknüpfung.

5.5 Wir wollen jetzt *lineare Gleichungssysteme* mit Dreiecksmatrizen lösen, etwa

$$Lx = b$$

mit gegebenem Vektor b und invertierbarer unterer Dreiecksmatrix L. Dazu setzen wir $L_m = L$, $b_m = b$ und $x_m = x$ und partitionieren schrittweise gemäß

$$L_k = \left(\begin{array}{c|c} L_{k-1} & \\ \hline l'_{k-1} & \lambda_k \end{array} \right) \in \mathbb{K}^{k \times k}, \quad x_k = \left(\begin{array}{c} x_{k-1} \\ \xi_k \end{array} \right) \in \mathbb{K}^k, \quad b_k = \left(\begin{array}{c} b_{k-1} \\ \beta_k \end{array} \right) \in \mathbb{K}^k.$$

Die beiden Blockzeilen der Gleichung $L_k x_k = b_k$ lauten ausmultipliziert

$$L_{k-1} x_{k-1} = b_{k-1}, \qquad l'_{k-1} x_{k-1} + \lambda_k \xi_k = \beta_k.$$

Die erste bedeutet dabei nur, dass wir konsistent bezeichnet haben; die zweite lässt sich bei bekanntem x_{k-1} nach ξ_k auflösen und liefert so den Übergang

$$x_{k-1} \to x_k.$$

Das Ganze startet mit dem *leeren*[15] Vektor x_0 (d.h. er tritt in der Partitionierung von x_1 gar *nicht* auf) und führt nach m Schritten auf die Lösung $x = x_m$ (die Divisionen durch λ_k sind zulässig, da L invertierbar ist):

$$\xi_k = (\beta_k - l'_{k-1} x_{k-1}) / \lambda_k \qquad (k = 1 : m).$$

Dieser bemerkenswert einfache Algorithmus heißt *Vorwärtssubstitution*.

Aufgabe. Formuliere analog die *Rückwärtssubstitution* zur Lösung von $Rx = b$ mit einer invertierbaren oberen Dreiecksmatrix R.

5.6 Das zugehörige Matlab-Programm lautet:

Programm 6 (Vorwärtssubsitution zur Lösung von $Lx = b$).

```
1  x = zeros(m,1);
2  for k=1:m
3     x(k) = (b(k) - L(k,1:k-1)*x(1:k-1))/L(k,k);
4  end
```

Es besteht aus einer for-Schleife über innere Produkte; in der Praxis verwendet man eine optimierte Level-2-BLAS Routine.

---

[15]Leere Bestandteile in Partitionierungen liefern bequeme Induktionsanfänge und Initialisierungen von Algorithmen; innere Produkte leerer Bestandteile (d.h. *nulldimensionaler* Vektoren) sind Null.

5.7 Die inneren Produkte benötigen in führender Ordnung $2k$ Flops, der Rechenaufwand für die gesamte Schleife ist also[16]

$$\# \text{flop} = 2 \sum_{k=1}^{m} k \doteq m^2.$$

Die zugehörigen Input-Output-Zugriffe werden durch den Zugriff auf die Dreiecksmatrix (in führender Ordnung sind das $m^2/2$ Elemente) dominiert, so dass

$$q = \# \text{flop} / \# \text{iop} \doteq 2.$$

Bemerkung. Das sind (in führender Ordnung) der *gleiche* Rechenaufwand und die *gleiche* Effizienzquote q wie bei der Matrix-Vektor-Multiplikation mit einer Dreiecksmatrix.

Vorwärts- und Rückwärtssubstitution sind als Level-2-BLAS standardisiert:

BLAS-Level	Name		Operation	$\# \text{flop}$	q
2	xTRMV	$x \leftarrow Lx$	Matrix-Vektor-Multiplikation	m^2	2
		$x \leftarrow Rx$			
2	xTRSV	$x \leftarrow L^{-1}x$	Vorwärtssubstitution	m^2	2
		$x \leftarrow R^{-1}x$	Rückwärtssubstitution		

Der MATLAB-Befehl zur Lösung von $Lx = b$ bzw. $Rx = b$ lautet (MATLAB analysiert dabei zunächst die Matrix und ruft für Dreiecksmatrizen xTRSV auf):

```
x = L\b, x = R\b
```

5.8 Sobald ξ_k berechnet wurde, wird die Komponente β_k in Vorwärts- bzw. Rückwärtssubstitution nicht mehr benötigt; der Speicherplatz von β_k kann für ξ_k verwendet werden:

Wenn ein Algorithmus einen Teil der Eingabedaten mit den Ausgabedaten überschreibt, spricht man von einer *in situ* (in place) Ausführung.

Wie jede Routine der BLAS-Bibliothek arbeitet xTRSV in situ; das Matlab-Programm aus §5.6 sieht in situ ausgeführt wie folgt aus:

Programm 7 (Vorwärtssubsitution für $x \leftarrow L^{-1}x$).

```
for k=1:m
    x(k) = (x(k) - L(k,1:k-1)*x(1:k-1))/L(k,k);
end
```

---

[16] '$\doteq$' bezeichnet die Gleichheit in führender Ordnung.

6 Unitäre Matrizen

6.1 Neben den Dreiecksmatrizen gibt es eine weitere Gruppe wichtiger Matrizen, die als „Bausteine" der numerischen linearen Algebra dienen: Ein $Q \in \mathbb{K}^{m \times m}$ mit

$$Q^{-1} = Q'$$

heißt *unitär* (für $\mathbb{K} = \mathbb{R}$ auch *orthogonal*). Äquivalent gilt

$$Q'Q = QQ' = I.$$

Die Lösung eines linearen Gleichungssystems $Qx = b$ ist dann ganz einfach

$$x = Q'b;$$

der Rechenaufwand ist mit $2m^2$ Flops doppelt so hoch wie für Dreiecksmatrizen.[17]

6.2 Wie die Dreiecksmatrizen bilden auch die unitären Matrizen eine Gruppe:

Lemma. *Die unitären Matrizen in $\mathbb{K}^{m \times m}$ bilden bzgl. der Matrixmultiplikation eine Untergruppe von* $\mathrm{GL}(m; \mathbb{K})$*; in Zeichen* $U(m)$ *für* $\mathbb{K} = \mathbb{C}$ *bzw.* $O(m)$ *für* $\mathbb{K} = \mathbb{R}$*.*

Beweis. Wegen $Q'' = Q$ ist mit Q auch die Inverse $Q^{-1} = Q'$ unitär. Für unitäre Matrizen Q_1, Q_2 ist aufgrund von

$$(Q_1 Q_2)' Q_1 Q_2 = Q_2' Q_1' Q_1 Q_2 = Q_2' I Q_2 = Q_2' Q_2 = I$$

auch das Produkt $Q_1 Q_2$ unitär. $\qquad\qquad\qquad\qquad\qquad\qquad\qquad\qquad\quad\square$

6.3 Die Adjungierten der Spaltenvektoren von Q sind die Zeilenvektoren von Q':

$$Q = \begin{pmatrix} | & & | \\ q_1 & \cdots & q_m \\ | & & | \end{pmatrix}, \qquad Q' = \begin{pmatrix} - q_1' - \\ \vdots \\ - q_m' - \end{pmatrix}.$$

Also liefert das Matrixprodukt $Q'Q = I$ in der inneren Produktfassung (2.3.b)

$$q_j' q_l = [j = l] \qquad (j = 1 : m, l = 1 : m);$$

Vektorsysteme mit dieser Eigenschaft definieren eine *Orthonormalbasis* von $\mathbb{K}^m$.

Bemerkung. Eine *rechteckige* Matrix $Q \in \mathbb{K}^{m \times n}$ mit $Q'Q = I \in \mathbb{K}^{n \times n}$ heißt *spalten-orthonormal*, ihre Spalten bilden ein *Orthonormalsystem*. Es ist dann notwendigerweise $n \leqslant m$ (warum?).

---

[17]Es bleibt aber unverändert bei der Effizienzquote $q \doteq 2$.

6.4 Schreiben wir $QQ' = I$ in der äußeren Produktfassung (2.6), so erhalten wir als Verallgemeinerung von (2.4) für eine Orthormalbasis

$$I = \sum_{k=1}^{m} q_k q_k'.$$

Angewendet auf einen Vektor $x \in \mathbb{K}^m$ liefert diese Gleichung genau wie bei (2.5) seine Entwicklung in der Orthonormalbasis:

$$x = \sum_{k=1}^{m} (q_k' x)\, q_k;$$

seine Komponente bzgl. q_k ist demnach $q_k' x$; der Koeffizientenvektor ist also $Q'x$.

Permutationsmatrizen

6.5 Vertauschen wir die Spalten a^k einer Matrix $A \in \mathbb{K}^{n \times m}$ gemäß einer Permutation[18] $\pi \in S_m$, so entspricht dies als linearer *Spaltenoperation* einer Multiplikation mit einer Matrix P_π von *rechts* (solche Spaltenoperationen wirken ja in jeder Zeile gleich und besitzen demzufolge die Gestalt (2.3.c)):

$$AP_\pi = \begin{pmatrix} | & & | \\ a^{\pi(1)} & \cdots & a^{\pi(m)} \\ | & & | \end{pmatrix}, \text{ d.h. } P_\pi = IP_\pi = \begin{pmatrix} | & & | \\ e_{\pi(1)} & \cdots & e_{\pi(m)} \\ | & & | \end{pmatrix}.$$

Da die Spalten von P_π eine Orthonormalbasis bilden, ist P_π unitär.

Aufgabe. Zeige: $\pi \mapsto P_\pi$ liefert einen *Gruppenmonomorphismus* $S_m \to U(m)$ $(S_m \to O(m))$; die Permutationsmatrizen bilden also eine zu S_m *isomorphe* Untergruppe von $GL(m; \mathbb{K})$.

6.6 Entsprechend vertauscht die Adjungierte $P_\pi' = P_\pi^{-1} = P_{\pi^{-1}}$ bei Multiplikation von *links* die Zeilen a_k' einer Matrix $A \in \mathbb{K}^{m \times n}$:

$$P_\pi' A = \begin{pmatrix} - a_{\pi(1)}' - \\ \vdots \\ - a_{\pi(m)}' - \end{pmatrix}, \text{ d.h. } P_\pi' = P_\pi' I = \begin{pmatrix} - e_{\pi(1)}' - \\ \vdots \\ - e_{\pi(m)}' - \end{pmatrix}.$$

Für Transpositionen τ gilt $\tau^{-1} = \tau$ und damit $P_\tau' = P_\tau$.

6.7 Kodieren wir in MATLAB eine Permutation $\pi \in S_m$ mit $\mathtt{p} = [\pi(1), \dots, \pi(m)]$, so lassen sich die Zeilen- und Spaltenpermutationen $P_\pi' A$ bzw. AP_π durch

```
A(p,:), A(:,p)
```

ausdrücken. Die Permutationsmatrix P_π selbst erhält man also wie folgt:

```
I = eye(m); P = I(:,p);
```

---

[18]Die Gruppe aller Permutationen der Indexmenge $\{1, 2, \dots, m\}$ ist die *symmetrische Gruppe* S_m.

II Matrixfaktorisierung

Although matrix factorization is not a new subject, I have found no evidence that is has been utilized so directly in the problem of solving matrix equations.

(Paul Dwyer 1944)

We may therefore interpret the elimination method as the combination of two tricks: First, it decomposes A into a product of two triangular matrices. Second, it forms the solution by a simple, explicit, inductive process.

(John von Neumann, Herman Goldstine 1947)

7 Dreieckszerlegung

7.1 Die oben auf der Seite nach von Neumann und Goldstine zitierten beiden „Tricks" zur Lösung eines linearen Gleichungssystems $Ax = b$ (A sei invertierbar) lauten ausgeschrieben:

(1) *Faktorisiere A in eine invertierbare untere und obere Dreicksmatrix,*

$$A = LR.$$

Wir sprechen von einer *Dreieckszerlegung* von A.

(2) *Berechne x mit Hilfe einer Vorwärts- und einer Rückwärtssubsitution aus*

$$Lz = b, \qquad Rx = z,$$

Dann gilt nämlich $b = L(Rx) = Ax$.

Wir *normieren* eine solche Dreieckszerlegung, indem wir L als *unipotent* ansetzen.

Bemerkung. Das aus Schule und Linearer Algebra 1 vertraute *Eliminationsverfahren* lässt sich als eine Realisierung dieser beiden „Tricks" auffassen. Oft wird dabei Carl Friedrich Gauß genannt, der es aber nicht erfunden hat und 1809 selbst nur von *eliminatio vulgaris* (lat.: übliche Elimination) sprach.[19] Wir nehmen gleich einen höheren Standpunkt ein und benutzen in der Numerik den Begriff (*Gauß'sche*) *Elimination* synonym zur Dreieckszerlegung.

---

[19]J. F. Grcar: *Mathematicians of Gaussian Elimination*, Notices Amer. Math. Soc. 58, 782–792, 2011.

© Springer Fachmedien Wiesbaden GmbH, ein Teil von Springer Nature 2018
F. Bornemann, *Numerische lineare Algebra*, Springer Studium Mathematik – Bachelor,
https://doi.org/10.1007/978-3-658-24431-6_2

7.2 Zwar besitzt nicht jede invertierbare Matrix eine normierte Dreieckszerlegung (wir werden das später in §7.9 noch „reparieren"), sie ist aber stets *eindeutig*.

Lemma. *Besitzt $A \in \mathrm{GL}(m; \mathbb{K})$ eine normierte Dreieckszerlegung $A = LR$ (d.h. L ist unipotente untere, R invertierbare obere Dreiecksmatrix), so ist diese eindeutig.*

Beweis. Es seien $A = L_1 R_1 = L_2 R_2$ zwei solche Faktorisierungen. Dann ist aufgrund der Gruppeneigenschaften der (unipotenten) Dreiecksmatrizen die Matrix

$$L_2^{-1} L_1 = R_2 R_1^{-1}$$

sowohl unipotente untere Dreiecksmatrix als auch obere Dreiecksmatrix und damit die Identität. Also gilt $L_1 = L_2$ und $R_1 = R_2$. □

7.3 Zur Berechnung der *normierten* Dreieckszerlegung $A = LR$ von $A \in \mathrm{GL}(m; \mathbb{K})$ setzen wir $A_1 = A$, $L_1 = L$, $R_1 = R$ und partitionieren schrittweise gemäß

$$A_k = \left(\begin{array}{c|c} \alpha_k & r_k' \\ \hline b_k & B_k \end{array} \right), \quad L_k = \left(\begin{array}{c|c} 1 & \\ \hline l_k & L_{k+1} \end{array} \right), \quad R_k = \left(\begin{array}{c|c} \alpha_k & r_k' \\ \hline & R_{k+1} \end{array} \right), \quad (7.1a)$$

wobei stets

$$A_k = L_k R_k.$$

Im k-ten Schritt werden die Zeile (α_k, r_k') von R und die Spalte l_k von L berechnet; die Dimension wird dabei in jedem Schritt um Eins verringert:

$$A_k \xrightarrow[(7.1a)]{\text{partitioniere}} \alpha_k, r_k', \underbrace{b_k, B_k}_{\text{Hilfsgrößen}} \xrightarrow[(7.1b)\,\&\,(7.1c)]{\text{berechne}} l_k, A_{k+1} \qquad (k = 1 : m).$$

Die Ausgabe A_{k+1} liefert dabei die Eingabe für den nächsten Schritt.
Wenn wir die zweite Blockzeile von $A_k = L_k R_k$ ausmultiplizieren (die erste ist nach Konstruktion *identisch* erfüllt), so erhalten wir

$$b_k = l_k \alpha_k, \qquad B_k = l_k r_k' + \underbrace{L_{k+1} R_{k+1}}_{=A_{k+1}}.$$

Für $\alpha_k \neq 0$ lösen wir ganz einfach nach l_k und A_{k+1} auf und sind bereits fertig:[20]

$$l_k = b_k / \alpha_k, \tag{7.1b}$$

$$A_{k+1} = B_k - l_k r_k'. \tag{7.1c}$$

Nur in (7.1b) und (7.1c) wird tatsächlich gerechnet, (7.1a) ist reine „Buchhaltung". Da die $\alpha_1, \ldots, \alpha_m$ die Diagonale von R bilden, haben wir ganz nebenbei bewiesen:

Lemma. *$A \in \mathrm{GL}(m; \mathbb{K})$ besitzt genau dann eine normierte Dreieckszerlegung, wenn alle Pivotelemente (Pivot, fr.: Angelpunkt) $\alpha_1, \ldots, \alpha_m$ von Null verschieden sind.*

---

[20]Die Matrix A_{k+1} heißt das *Schur-Komplement* von α_k in A_k.

7.4 Die normierte Dreieckszerlegung lässt sich speicherplatzsparend *in situ* ausführen, indem wir b_k mit l_k und B_k mit A_{k+1} überschreiben; am Schluss findet sich dann an Stelle von A folgende Matrix im Speicher:

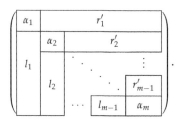

Aus diesem *kompakten Speicherschema* lassen sich sodann die beiden Faktoren

$$
L = \begin{pmatrix} 1 & & & & \\ & 1 & & & \\ l_1 & & \ddots & & \\ & l_2 & & \ddots & \\ & & \cdots & l_{m-1} & 1 \end{pmatrix}, \quad R = \begin{pmatrix} \alpha_1 & & r'_1 & & \\ & \alpha_2 & & r'_2 & \\ & & \ddots & & \vdots \\ & & & \ddots & r'_{m-1} \\ & & & & \alpha_m \end{pmatrix}
$$

sehr einfach rekonstruieren.

7.5 In MATLAB lautet eine derartige *in situ* Ausführung von (7.1a)–(7.1c) so:

Programm 8 (Dreieckszerlegung).

Objekt	Zugriff in MATLAB
α_k	A(k,k)
r'_k	A(k,k+1:m)
b_k, l_k	A(k+1:m,k)
B_k, A_{k+1}	A(k+1:m,k+1:m)

```
1  for k=1:m
2    A(k+1:m,k) = A(k+1:m,k)/A(k,k);                              % (7.1b)
3    A(k+1:m,k+1:m) = A(k+1:m,k+1:m) - A(k+1:m,k)*A(k,k+1:m);     % (7.1c)
4  end
```

Da der letzte Schleifendurchlauf ($k = m$) nur noch leere (nulldimensionale) Objekte vorfindet, könnte die Schleife genauso gut auch bei $k = m - 1$ enden.

Die Rekonstruktion von L und R erfolgt schließlich mit folgenden Befehlen:

```
5  L = tril(A,-1) + eye(m);
6  R = triu(A);
```

Wegen der -1 in tril(A,-1) werden nur die Elemente *unterhalb* der Diagonalen ausgelesen.

7.6 Die Anzahl[21] der für die Dreieckszerlegung benötigten Gleitkomma-Operationen wird in führender Ordnung durch die *Rang-1-Operation* in (7.1c) bestimmt:

$$\# \text{flop zur Berechnung von } A_{k+1} = 2(m-k)^2.$$

Damit ist der Gesamtaufwand

$$\# \text{flop für } LR\text{-Faktorisierung} \doteq 2 \sum_{k=1}^{m} (m-k)^2 = 2 \sum_{k=1}^{m-1} k^2 \doteq \frac{2}{3} m^3.$$

Dieser Aufwand für die Dreieckszerlegung dominiert dann auch die Lösung eines linearen Gleichungssystems (die anschließenden Subsitutionen im zweiten „Trick" aus §7.1 benötigen ja nur noch $2m^2$ flop).

Da A nur einmal eingelesen und mit dem kompakten Speicherschema für L und R überschrieben zu werden braucht, erfolgen $2m^2$ Input-Output-Zugriffe und die Effizienzquote ist

$$q = \# \text{flop}/\# \text{iop} \doteq \frac{m}{3}.$$

Wegen dieses linearen Wachstums in der Dimension erreicht eine im Speicherzugriff optimierte Implementierung auf Basis von Level-3-BLAS für große m annähernd Peak-Performance.

Aufgabe. Zeige, dass die *LR*-Faktorisierung *nicht* teurer ist als die zugehörige Multiplikation: Auch das Produkt LR einer gegebenen unteren Dreiecksmatrix L mit einer oberen Dreiecksmatrix R benötigt (in führender Ordnung) $2m^3/3$ flop mit Effizienzquote $q \doteq m/3$.

7.7 Der Zugang aus §7.1 zur Lösung linearer Gleichungssysteme $Ax = b$ mit Hilfe der Dreieckszerlegung von A bietet viele *Vorteile*; hier sind zwei Beispiele:

Beispiel. Es seien zu n rechten Seiten $b_1, \ldots, b_n \in \mathbb{K}^m$ die Lösungen $x_1, \ldots, x_n \in \mathbb{K}^m$ zu berechnen. Wir formen aus diesen Spaltenvektoren die Matrizen

$$B = \begin{pmatrix} | & & | \\ b_1 & \cdots & b_n \\ | & & | \end{pmatrix} \in \mathbb{K}^{m \times n}, \qquad X = \begin{pmatrix} | & & | \\ x_1 & \cdots & x_n \\ | & & | \end{pmatrix} \in \mathbb{K}^{m \times n}$$

und berechnen

(1) Dreieckszerlegung $A = LR$ (Kosten $\doteq 2m^3/3$ flop);

(2) mit der *Matrixvariante* (Level-3-BLAS: xTRSM) der Vorwärts- und Rückwärtssubsitution die Lösungen Z bzw. X von (Kosten $\doteq 2n \cdot m^2$ flop)

$$LZ = B, \qquad RX = Z.$$

---

[21]Wir zählen wie immer für $\mathbb{K} = \mathbb{R}$; für $\mathbb{K} = \mathbb{C}$ schlagen wir durchschnittlich einen Faktor 4 auf.

Für $n \ll m$ dominieren damit immer noch die Kosten der Dreieckszerlegung. Eine Anwendung hierfür werden wir in §20.6 kennenlernen.

Beispiel. Zur Lösung der Gleichungen $Ax = b$ *und* $A'y = c$ berechnen wir

(1) Dreieckszerlegung $A = LR$ (damit haben wir *automatisch* $A' = R'L'$);

(2) mit Vorwärts- und Rückwärtssubsitutionen die Lösungen z, x, w und y von

$$Lz = b, \qquad Rx = z, \qquad R'w = c, \qquad L'y = w.$$

7.8 Sobald auch nur für ein Pivotelement $\alpha_k = 0$ gilt, besitzt A nach §7.3 keine (normierte) Dreieckszerlegung: So ist beispielsweise für die *invertierbare* Matrix

$$A = \begin{pmatrix} 0 & 1 \\ 1 & 1 \end{pmatrix}$$

bereits $\alpha_1 = 0$. Diese *theoretische* Grenze wird von einer *praktischen* Problematik begleitet. Ersetzen wir nämlich die Null in A durch eine kleine Zahl, so ist z.B.

$$A = \begin{pmatrix} 10^{-20} & 1 \\ 1 & 1 \end{pmatrix} = LR, \qquad L = \begin{pmatrix} 1 & 0 \\ 10^{20} & 1 \end{pmatrix}, \qquad R = \begin{pmatrix} 10^{-20} & 1 \\ 0 & 1 - 10^{20} \end{pmatrix}.$$

An einem Computer, der mit nur 16 signifikanten Ziffern rechnet, wird nach Rundung auf die darstellbaren Zahlen (in Zeichen: '$\doteq$')

$$1 - 10^{20} = -0.99999\,99999\,99999\,99999 \cdot 10^{20}$$

$$\doteq -1.00000\,00000\,00000 \qquad \cdot 10^{20} = -10^{20};$$

die Subtraktion der 1 von 10^{20} liegt also unterhalb der *Auflösungsschwelle*. Daher erhalten wir am Computer statt R die *gerundete* Dreiecksmatrix $\widehat{R}$,

$$\widehat{R} = \begin{pmatrix} 10^{-20} & 1 \\ 0 & -10^{20} \end{pmatrix},$$

was aber der Dreieckszerlegung von

$$\widehat{A} = L\widehat{R} = \begin{pmatrix} 10^{-20} & 1 \\ 1 & 0 \end{pmatrix}$$

statt jener von A entspricht. Wollten wir das Gleichungssystem $Ax = e_1$ lösen, so würden wir am Computer also statt korrekt gerundet

$$x = \frac{1}{1 - 10^{-20}} \begin{pmatrix} -1 \\ 1 \end{pmatrix} \doteq \begin{pmatrix} -1 \\ 1 \end{pmatrix}$$

die Lösung

$$\widehat{x} = \begin{pmatrix} 0 \\ 1 \end{pmatrix}$$

von $\widehat{A}\widehat{x} = e_1$ erhalten, mit *indiskutablem* 100% Fehler in der ersten Komponente.

Fazit. Generell sollte man den „Nullten Hauptsatz der Numerik" verinnerlichen:

Hat die Theorie Probleme für $\alpha = 0$, so hat die Numerik bereits welche für $\alpha \approx 0$.

Dreieckszerlegung mit Spaltenpivotisierung

7.9 Wenn man begreift, dass die Zeilennummerierung einer Matrix letztlich völlig *willkürlich* ist, so lassen sich beide Probleme aus §7.8 mit folgender Strategie lösen:

> *Spaltenpivotisierung:* In der ersten Spalte von A_k wird dasjenige Element zum Pivot α_k, welches *zuerst* den *größten* Abstand zur Null besitzt; die zugehörige Zeile wird mit der ersten in A_k vertauscht.

Bezeichnet τ_k die Transposition der so ausgewählten Zeilennummern, so realisieren wir statt (7.1a) die Partitionierung (mit $A_1 = A$, $L_1 = L$, $R_1 = R$)

$$P'_{\tau_k} A_k = \left(\begin{array}{c|c} \alpha_k & r'_k \\ \hline b_k & B_k \end{array} \right), \quad L_k = \left(\begin{array}{c|c} 1 & \\ \hline l_k & L_{k+1} \end{array} \right), \quad R_k = \left(\begin{array}{c|c} \alpha_k & r'_k \\ \hline & R_{k+1} \end{array} \right) \quad (7.2a)$$

mit[22]

$$|b_k| \leqslant |\alpha_k|.$$

Wir dürfen jedoch *nicht* einfach $P'_{\tau_k} A_k = L_k R_k$ ansetzen, da wir noch die Zeilenvertauschungen der nächsten Schritten aufsammeln müssen, um konsistent ausmultiplizieren zu können. Dazu führen wir induktiv die Permutationsmatrizen

$$P'_k = \left(\begin{array}{c|c} 1 & \\ \hline & P'_{k+1} \end{array} \right) P'_{\tau_k} \quad (7.2b)$$

ein und nehmen in jedem Schritt die Dreieckszerlegung jener Matrix, die aus A_k *nach* allen noch folgenden Zeilenvertauschungen entsteht:

$$P'_k A_k = L_k R_k. \quad (7.2c)$$

Multiplizieren wir nun die zweite Blockzeile dieser Gleichung aus, so ist zunächst

$$P'_{k+1} b_k = \alpha_k l_k, \qquad P'_{k+1} B_k = l_k r'_k + \underbrace{L_{k+1} R_{k+1}}_{=P'_{k+1} A_{k+1}},$$

was sich (nach Multiplikation mit P_{k+1} von links) vereinfacht zu

$$b_k = v_k \alpha_k, \qquad B_k = v_k r'_k + A_{k+1} \quad \text{(wobei } v_k = P_{k+1} l_k).$$

---

[22]Solche Ungleichungen sind *komponentenweise* zu lesen.

Aufgelöst sind das genau die *gleichen* Rechenschritte wie in §7.3, nämlich

$$v_k = b_k / \alpha_k, \tag{7.2d}$$

$$A_{k+1} = B_k - v_k r_k'. \tag{7.2e}$$

Der einzige Unterschied zu (7.1b) und (7.1c) besteht darin, dass wir l_k erst dann erhalten, wenn wir v_k allen noch ausstehenden Zeilenvertauschungen unterwerfen:

$$l_k = P_{k+1}' v_k. \tag{7.2f}$$

Bemerkung. Diese Operation lässt sich bei der *in situ* Ausführung des Algorithmus ganz einfach dadurch realisieren, dass die Zeilenvertauschungen stets für *alle* Spalten der Matrix im Speicher durchgeführt werden (und damit sowohl für A_k als auch für $v_1, \dots, v_k$).

7.10 Die *in situ* Ausführung des Algorithmus (7.2a)–(7.2e) lautet in MATLAB:

Programm 9 (Dreieckszerlegung mit Spaltenpivotisierung).
Berechnet wird $P'A = LR$ zu gegebenem A. Wie in §6.7 realisieren wir die Zeilenpermutation $P'A$ der Matrix A als A(p,:) mit der Vektordarstellung p der zugehörigen Permutation.

```
1  p = 1:m;  % Initialisierung der Permutation
2
3  for k=1:m
4    [~,j] = max(abs(A(k:m,k)));  j = k-1+j;       % Pivotsuche
5    p([k j]) = p([j k]); A([k j],:) = A([j k],:); % Zeilenvertauschung
6    A(k+1:m,k) = A(k+1:m,k)/A(k,k);                      % (7.2d)
7    A(k+1:m,k+1:m) = A(k+1:m,k+1:m) - A(k+1:m,k)*A(k,k+1:m); % (7.2e)
8  end
```

Die Rekonstruktion von L und R erfolgt auch hier wieder mit folgenden Befehlen:

```
5  L = tril(A,-1) + eye(m);
6  R = triu(A);
```

Zum Erreichen der Peak-Performance sollte man statt dieses Programms aber besser das MATLAB-Interface zur Routine xGETRF von LAPACK aufrufen:

```
[L,R,p] = lu(A,'vector');
```

Ohne Rundungsfehler würde dann A(p,:) = L*R gelten.

7.11 Der Algorithmus aus §7.9 funktioniert in der Tat für jede *invertierbare* Matrix:

Satz. *Für $A \in \mathrm{GL}(m; \mathbb{K})$ berechnet die Dreieckszerlegung mit Spaltenpivotisierung eine Permutationsmatrix P, eine unipotente untere Dreiecksmatrix L und eine invertierbare obere Dreiecksmatrix R mit*

$$P'A = LR, \qquad |L| \leqslant 1.$$

Insbesondere sind alle Pivotelemente von Null verschieden.

Beweis. Wir zeigen induktiv, dass alle A_k invertierbar sind und $\alpha_k \neq 0$. Nach Voraussetzung ist $A_1 = A$ invertierbar (Induktionsanfang). Es sei nun A_k invertierbar.

Wäre die erste Spalte von A_k der Nullvektor, so könnte A_k nicht invertierbar sein. Daher ist ihr betragsmäßig größtes Element $\alpha_k \neq 0$; die Division bei der Berechnung von v_k in (7.2d) ist zulässig. Aus (7.2a)–(7.2e) folgt nun unmittelbar

$$\left(\begin{array}{c|c} 1 & \\ \hline -v_k & I \end{array} \right) P'_{\tau_k} A_k = \left(\begin{array}{c|c} 1 & \\ \hline -v_k & I \end{array} \right) \cdot \left(\begin{array}{c|c} \alpha_k & r'_k \\ \hline b_k & B_k \end{array} \right) = \left(\begin{array}{c|c} \alpha_k & r'_k \\ \hline 0 & A_{k+1} \end{array} \right).$$

Da hier ganz links mit dem Produkt zweier invertierbarer Matrizen eine invertierbare Matrix steht, muss die Block-Dreiecksmatrix ganz rechts auch invertierbar sein: Also ist A_{k+1} invertierbar und der Induktionsschritt vollzogen.

Setzen wir $k = 1$ in (7.2c) und $P = P_1$, so erhalten wir $P'A = LR$. Aus $|b_k| \leqslant |\alpha_k|$ und (7.2d) folgt $|v_k| \leqslant 1$ und damit $|l_k| \leqslant 1$, so dass erst recht $|L| \leqslant 1$ gilt.[23]   □

7.12 Die in §§7.1 und 7.7 diskutierten Methoden zur Lösung linearer Gleichungssysteme ändern sich strukturell gar *nicht*, wenn wir von $A = LR$ zu $P'A = LR$ übergehen. So wird aus $Ax = b$ beispielsweise $P'Ax = P'b$, wir müssen in den Lösungsformeln nur b durch $P'b$ ersetzen (d.h. die Zeilen von b vertauschen).

In MATLAB lautet die Lösung $X \in \mathbb{K}^{m \times n}$ des Systems $AX = B \in \mathbb{K}^{m \times n}$ daher:

```
1  [L,R,p] = lu(A,'vector');
2  Z = L\B(p,:);
3  X = R\Z;
```

oder völlig *äquivalent*, wenn wir die Zerlegung $P'A = LR$ nicht weiter benötigen:

```
X = A\B;
```

8 Cholesky-Zerlegung

8.1 Für viele wichtige Anwendungen von der Geodäsie über die Quantenchemie bis zur Statistik sind folgende Matrizen von grundlegender Bedeutung:

Definition. Eine Matrix $A \in \mathbb{K}^{m \times m}$ mit $A' = A$ heißt *selbstadjungiert* (für $\mathbb{K} = \mathbb{R}$ oft auch *symmetrisch* und für $\mathbb{K} = \mathbb{C}$ *hermitesch*); sie heißt *positiv definit*, wenn

$$x'Ax > 0 \qquad (0 \neq x \in \mathbb{K}^m).$$

Selbstadjungierte positiv definite Matrizen bezeichnen wir kurz als *s.p.d.* .

Bemerkung. Für selbstadjungiertes A ist $x'Ax = x'A'x = (x'Ax)'$ auch für $\mathbb{K} = \mathbb{C}$ stets *reell*. Positiv definite Matrizen haben einen trivialen Kern und sind daher invertierbar.

---

[23]komponentenweise zu lesen

8.2 Partitionieren wir eine Matrix $A \in \mathbb{K}^{m \times m}$ in der Form

$$A = \left(\begin{array}{c|c} A_k & B \\ \hline C & D \end{array} \right), \qquad A_k \in \mathbb{K}^{k \times k},$$

so ist A_k eine *Hauptuntermatrix* von A. In der Regel können wir bei der Dreieckszerlegung (zumindest der Theorie nach) dann auf die Pivotisierung verzichten, wenn die Matrix A ihre Struktur auf die Hauptuntermatrizen A_k vererbt.

Aufgabe. Zeige: $A \in \mathrm{GL}(m; \mathbb{K})$ besitzt genau dann eine Dreieckszerlegung, wenn für alle Hauptuntermatrizen $A_k \in \mathrm{GL}(k; \mathbb{K})$ ($k = 1 : m$). *Hinweis:* Partitioniere analog zu §8.3.

So ist z.B. mit A auch A_k eine s.p.d.-Matrix: Die Selbstadjungiertheit von A_k ist offensichtlich und für $0 \neq x \in \mathbb{K}^k$ folgt aus der positiven Definitheit von A, dass

$$x' A_k x = \left(\begin{array}{c} x \\ \hline 0 \end{array} \right)' \left(\begin{array}{c|c} A_k & B \\ \hline C & D \end{array} \right) \left(\begin{array}{c} x \\ \hline 0 \end{array} \right) > 0.$$

8.3 Für s.p.d.-Matrizen gibt es als Verallgemeinerung der *positiven* Quadratwurzel positiver Zahlen eine spezielle Form der Dreieckszerlegung:

Satz (Cholesky-Zerlegung). *Jede s.p.d. Matrix A lässt sich eindeutig in der Form*

$$A = LL'$$

darstellen, wobei L eine untere Dreiecksmatrix mit positiver Diagonale bezeichnet. Der Faktor L lässt sich zeilenweise mit dem Algorithmus (8.1a)–(8.1c) konstruieren.

Beweis. Wir konstruieren schrittweise die Cholesky-Zerlegungen $A_k = L_k L_k'$ der Hauptuntermatrizen A_k von $A = A_m$, indem wir partitionieren

$$A_k = \left(\begin{array}{c|c} A_{k-1} & a_k \\ \hline a_k' & \alpha_k \end{array} \right), \quad L_k = \left(\begin{array}{c|c} L_{k-1} & \\ \hline l_k' & \lambda_k \end{array} \right), \quad L_k' = \left(\begin{array}{c|c} L_{k-1}' & l_k \\ \hline & \lambda_k \end{array} \right). \tag{8.1a}$$

Im k-ten Schritt wird dabei die Zeile (l_k', λ_k) von L berechnet. Mitlaufend beweisen wir induktiv, dass L_k in eindeutiger Weise als untere Dreiecksmatrix mit *positiver* Diagonale festgelegt ist. Ausmultipliziert liefert $A_k = L_k L_k'$ zunächst

$$A_{k-1} = L_{k-1} L_{k-1}', \quad L_{k-1} l_k = a_k, \quad l_k' L_{k-1}' = a_k', \quad l_k' l_k + \lambda_k^2 = \alpha_k.$$

Die erste Gleichung ist nichts weiter als die Faktorisierung aus Schritt $k - 1$, die dritte ist die Adjunktion der zweiten; aufgelöst ergeben die zweite und vierte:

$$l_k = L_{k-1}^{-1} a_k \qquad \text{(Vorwärtssubstitution)}, \tag{8.1b}$$

$$\lambda_k = \sqrt{\alpha_k - l_k' l_k}. \tag{8.1c}$$

Dabei ist nach Induktionsvoraussetzung L_{k-1} eindeutige untere Dreiecksmatrix mit positiver Diagonale, also insbesondere invertierbar, so dass l_k in (8.1b) ebenfalls eindeutig gegeben ist (für $k = 1$ ist nichts zu tun). Wir müssen noch zeigen, dass

$$\alpha_k - l_k' l_k > 0,$$

damit sich in (8.1c) die (eindeutige) *positive* Quadratwurzel für λ_k ziehen lässt. Hierzu nutzen wir die in §8.2 nachgewiesene positive Definitheit der Hauptuntermatrix A_k: Mit der Lösung x_k von $L_{k-1}' x_k = -l_k$ gilt dann nämlich

$$0 < \begin{pmatrix} x_k \\ 1 \end{pmatrix}' A_k \begin{pmatrix} x_k \\ 1 \end{pmatrix} = \left(\, x_k' \mid 1 \, \right) \left(\begin{array}{c|c} L_{k-1} L_{k-1}' & L_{k-1} l_k \\ \hline l_k' L_{k-1}' & \alpha_k \end{array} \right) \begin{pmatrix} x_k \\ 1 \end{pmatrix}$$

$$= \underbrace{x_k' L_{k-1} L_{k-1}' x_k}_{=l_k' l_k} + \underbrace{x_k' L_{k-1} l_k}_{=-l_k' l_k} + \underbrace{l_k' L_{k-1}' x_k}_{=-l_k' l_k} + \alpha_k = \alpha_k - l_k' l_k.$$

Wegen $\lambda_k > 0$ ist jetzt also auch L_k eindeutig gegebene untere Dreiecksmatrix mit positiver Diagonale; der Induktionsschritt ist vollzogen. □

Bemerkung. Der Algorithmus (8.1a)–(8.1c) wurde 1905–1910 von André-Louis Cholesky für den *Service géographique de l'armée* entwickelt und 1924 posthum von Major Ernest Benoît veröffentlicht; Choleskys eigenhändiges Manuskript vom 2. Dez. 1910 wurde erst 2004 in seinem Nachlass entdeckt. Die Kenntnis der Methode blieb recht lange auf einen kleinen Kreis französischer Geodäten beschränkt, bis ihr John Todd 1946 in einer Vorlesung zur Numerischen Mathematik am King's College London zum Durchbruch verhalf.[24]

8.4 In MATLAB formulieren wir die Cholesky-Zerlegung (8.1a)–(8.1c) wie folgt:

Programm 10 (Cholesky-Zerlegung von A).

```
1 L = zeros(m);
2 for k=1:m
3   lk = L(1:k-1,1:k-1)\A(1:k-1,k);      % (8.1b)
4   L(k,1:k-1) = lk';                     % (8.1a)
5   L(k,k) = sqrt(A(k,k) - lk'*lk);       % (8.1c)
6 end
```

Beachte, dass die Elemente von A oberhalb der Diagonalen gar nicht eingelesen werden (der Algorithmus „kennt" ja die Symmetrie). Im Prinzip könnte dieser Speicher also anderweitig verwendet werden.

Aufgabe. Modifiziere das Programm so, dass es eine Fehlermeldung und einen Vektor $x \in \mathbb{K}^m$ mit $x' A x \leqslant 0$ ausgibt, falls die (selbstadjungierte) Matrix A *nicht* positiv definit ist.

Zum Erreichen der Peak-Performance sollte man statt dieses Programms aber besser das MATLAB-Interface zur Routine xPOTRF von LAPACK aufrufen:

---

[24]Hierzu mehr in C. Brezinski, D. Tournès: *André-Louis Cholesky*, Birkhäuser, Basel, 2014.

```
L = chol(A,'lower');
```

Mit $R = L'$ ist $A = R'R$ eine alternative Form der Cholesky-Zerlegung. Da der Faktor R gemäß (8.1a) *spaltenweise* aufgebaut wird, ist seine Berechnung in LAPACK bzw. MATLAB geringfügig schneller als die von L (vgl. §4.8):

```
R = chol(A);
```

8.5 Die Anzahl der für die Cholesky-Zerlegung benötigten Gleitkomma-Operationen wird von den Vorwärtssubstitutionen in (8.1b) dominiert, das sind k^2 flop im k-ten Schritt. Also beträgt der Gesamtaufwand

$$\# \text{flop für Cholesky-Zerlegung} \doteq \sum_{k=1}^{m} k^2 \doteq \frac{1}{3} m^3,$$

er ist damit (asymptotisch) nur *halb so groß* wie jener in §7.6 für die Berechnung der normierten Dreieckszerlegung ohne Nutzung der Symmetrie.

    Da allein die untere Hälfte von A eingelesen und die Dreiecksmatrix L abgespeichert werden müssen, werden (in führender Ordnung) m^2 Input-Output-Zugriffe benötigt. Daher beträgt die Effizienzquote genau wie bei der Dreieckszerlegung

$$q = \# \text{flop} / \# \text{iop} \doteq \frac{m}{3},$$

so dass eine im Speicherzugriff optimierte Implementierung auf Basis von Level-3-BLAS für große m annähernd Peak-Performance liefert.

9 *QR*-**Zerlegung**

9.1 Wir bezeichnen $A \in \mathbb{K}^{m \times n}$ als Matrix mit *vollem Spaltenrang*, wenn ihre Spalten linear unabhängig sind. Solche Matrizen lassen sich vielfältig charakterisieren:

Lemma. *Voller Spaltenrang von $A \in \mathbb{K}^{m \times n}$ ist äquivalent zu folgenden Eigenschaften:*

    (1) rank $A = \dim \operatorname{im} A = n \leqslant m$,   (2) ker $A = \{0\}$,   (3) $A'A$ *ist s.p.d.*

Die Matrix $A'A$ heißt Gram'sche Matrix der Spalten von A.

Beweis. Die Äquivalenz zu (1) und (2) folgt unmittelbar aus §2.8 und sollte eigentlich auch aus der Linearen Algebra 1 hinlänglich bekannt sein. Die Matrix $A'A$ ist nach §2.11 selbstadjungiert und es gilt nach §2.9

$$x'(A'A)x = (Ax)'(Ax) \geqslant 0 \qquad (x \in \mathbb{K}^n).$$

Wegen $(Ax)'(Ax) = 0 \Leftrightarrow Ax = 0$ sind daher (2) und (3) äquivalent.   □

9.2 Ziel ist die Faktorisierung von $A \in \mathbb{K}^{m \times n}$ mit vollem Spaltenrang in der Form

$$A = QR$$

mit $Q \in \mathbb{K}^{m \times n}$ spalten-orthonormal[25] und $R \in \mathrm{GL}(n; \mathbb{K})$ oberer Dreiecksmatrix. Eine solche *QR-Zerlegung* heißt *normiert*, wenn die Diagonale von R positiv ist.

Bemerkung. Da dann die Spalten von Q das Bild von $A = QR$ aufspannen, bilden sie nach Definition eine *Orthonormalbasis* dieses Bilds.

9.3 Die QR-Zerlegung von A steht in enger Beziehung zur Cholesky-Zerlegung der Gram'schen Matrix $A'A$:

Satz. *Jede Matrix $A \in \mathbb{K}^{m \times n}$ mit vollem Spaltenrang besitzt eine eindeutige normierte QR-Zerlegung. Die Faktoren lassen sich wie folgt ermitteln:*

$$A'A = R'R \quad \text{(Cholesky-Zerlegung von } A'A),$$
$$R'Q' = A' \quad \text{(Vorwärtssubstitution für } Q').$$

Beweis. Nehmen wir an, dass A eine normierte QR-Zerlegung besitzt. Dann ist

$$A'A = R' \underbrace{Q'Q}_{=I} R = R'R$$

nach Satz 8.3 *eindeutige* Cholesky-Zerlegung der Gram'schen Matrix $A'A$, welche ja nach Lemma 9.1 s.p.d. ist. Mit R ist somit auch

$$Q = AR^{-1}$$

eindeutig festgelegt. Indem wir die Spalten-Orthonormalität eines so *definierten* Faktors Q zeigen, sichern wir umgekehrt aber die Existenz der QR-Zerlegung:

$$Q'Q = (L^{-1}A')(AR^{-1}) = L^{-1}LRR^{-1} = I$$

mit $L = R'$ aus der Cholesky-Zerlegung $A'A = R'R$. $\qquad\square$

9.4 Die Konstruktion der QR-Zerlegung über die Cholesky-Zerlegung von $A'A$ wird aus den folgenden beiden Gründen in der numerischen Praxis kaum benutzt (siehe dazu auch §16.5):

- Sie ist für $n \approx m$ *teurer* als Algorithmen, die direkt mit A arbeiten.

- Die Orthonormalität des Faktors Q ist in die Konstruktion *nicht explizit* eingebaut, sondern ergibt sich erst implizit aus der Theorie. Eine solches indirektes Vorgehen ist extrem *anfällig* für Einflüsse von Rundungsfehlern.

Aufgabe. Zeige: Die Anzahl der Gleitkomma-Operationen des Algorithmus aus Lemma 9.3 ist (in führender Ordnung) $2mn^2 + n^3/3$. Diskutiere die Fälle $n \ll m$ und $n \approx m$.

---

[25]Zur Erinnerung: nach §6.3 sind solche Matrizen durch $Q'Q = I \in \mathbb{K}^{n \times n}$ definiert.

Modifiziertes Gram–Schmidt-Verfahren

9.5 Zur *direkten* Berechnung der normierten QR-Zerlegung von A aus Lemma 9.3 setzen wir $A_1 = A$, $Q_1 = Q$, $R_1 = R$ und partitionieren schrittweise gemäß[26]

$$A_k = \left(\begin{array}{c|c} b_k & B_k \end{array} \right) = Q_k R_k, \quad Q_k = \left(\begin{array}{c|c} q_k & Q_{k+1} \end{array} \right), \quad R_k = \left(\begin{array}{c|c} \rho_k & r'_k \\ \hline & R_{k+1} \end{array} \right). \quad (9.1\text{a})$$

Im k-ten Schritt werden die Spalte q_k von Q und die Zeile (ρ_k, r'_k) von R_k berechnet:

$$A_k \xrightarrow[\,(9.1\text{a})\,]{\text{partitioniere}} \underbrace{b_k, B_k}_{\text{Hilfsgrößen}} \xrightarrow[\,(9.1\text{b})-(9.1\text{e})\,]{\text{berechne}} \rho_k, q_k, r'_k, A_{k+1} \quad (k = 1:n).$$

Die Ausgabe A_{k+1} liefert dabei die Eingabe für den nächsten Schritt. Wenn wir die *eine* Blockzeile von $A_k = Q_k R_k$ ausmultiplizieren, so erhalten wir die Beziehungen

$$b_k = q_k \rho_k, \qquad B_k = q_k r'_k + \underbrace{Q_{k+1} R_{k+1}}_{=A_{k+1}},$$

die wir nach ρ_k, q_k, r'_k, A_{k+1} auflösen. Mit $\|q_k\|_2 = (q'_k q_k)^{1/2} = 1$ folgt aus $\rho_k > 0$

$$\rho_k = \|b_k\|_2, \tag{9.1b}$$

$$q_k = b_k / \rho_k, \tag{9.1c}$$

und aus $q'_k Q_{k+1} = 0$ ergibt sich

$$q'_k B_k = \underbrace{q'_k q_k}_{=1} r'_k + \underbrace{q'_k Q_{k+1}}_{=0} R_{k+1} = r'_k,$$

so dass schließlich

$$r'_k = q'_k B_k, \tag{9.1d}$$

$$A_{k+1} = B_k - q_k r'_k. \tag{9.1e}$$

Der Algorithmus (9.1a)–(9.1e) heißt *modifiziertes Gram–Schmidt-Verfahren* (MGS).

Bemerkung. Erhard Schmidt beschrieb 1907 ein Verfahren zur Orthonormalisierung, für das er in einer Fußnote die Doktorarbeit (1879) des Versicherungsmathematikers Jørgen Pedersen Gram würdigte (der aber Determinanten benutzt hatte); es wurde 1935 vom Statistiker Y. K. Wong erstmalig als *Gram–Schmidt-Verfahren* bezeichnet. Das subtil *modifizierte* Gram–Schmidt-Verfahren ist in der numerischen Praxis unbedingt vorzuziehen und findet sich im Wesentlichen bereits in der berühmten grundlegenden Schrift von Pierre-Simon Laplace zur Wahrscheinlichkeitstheorie (1816).[27]

---

[26] Wir *verwenden* hierbei, dass Q_k und R_k Untermatrizen jener Faktoren Q und R sind, deren eindeutige Existenz wir in Lemma 9.3 bereits gesichert haben. Insbesondere ist Q_k spalten-orthogonal und R_k obere Dreiecksmatrix mit positiver Diagonale, so dass $q'_k q_k = 1$, $q'_k Q_{k+1} = 0$ und $\rho_k > 0$.

[27] S. J. Leon, Å. Björck, W. Gander: *Gram–Schmidt orthogonalization: 100 years and more*, Numer. Linear Algebra Appl. 20, 492–532, 2013.

Aufgabe. Wir beobachten $A_{k+1} = (I - q_k' q_k) B_k$. Zeige: (1) Ist a_k die k-te Spalte von A, so gilt

$$\rho_k q_k = (I - q_{k-1} q_{k-1}') \cdots (I - q_1 q_1') a_k \qquad (k = 1 : n).$$

(2) Die *Orthogonalprojektion* $P = I - q q'$ mit $q' q = 1$ erfüllt $Pq = 0$ und $Pu = u$, falls $q' u = 0$.

9.6 *In situ* lässt sich der MGS-Algorithmus (9.1a)–(9.1e) ausführen, indem man b_k mit q_k und B_k mit A_{k+1} überschreibt, so dass zum Schluss an Stelle von A die Matrix Q im Speicher steht. In MATLAB lautet das Verfahren dann so:

Programm 11 (*QR*-Zerlegung mit MGS-Algorithmus).

Objekt	Zugriff in MATLAB
ρ_k	R(k,k)
r_k'	R(k,k+1:n)
b_k, q_k	A(:,k)
B_k, A_{k+1}	A(:,k+1:n)

```
1 R = zeros(n);
2 for k=1:n
3   R(k,k) = norm(A(:,k),2);                      % (9.1b)
4   A(:,k) = A(:,k)/R(k,k);                        % (9.1c)
5   R(k,k+1:n) = A(:,k)'*A(:,k+1:n);              % (9.1d)
6   A(:,k+1:n) = A(:,k+1:n) - A(:,k)*R(k,k+1:n);  % (9.1e)
7 end
```

Nach Ausführung des Programms enthält die MATLAB-Variable A den Faktor Q.

9.7 Der Rechenaufwand für die QR-Zerlegung wird in führender Ordnung durch die Level-2-BLAS Operationen in (9.1d) und (9.1e) bestimmt:

$$\# \text{flop zur Berechnung von } r_k' = 2m(n - k),$$

$$\# \text{flop zur Berechnung von } A_{k+1} = 2m(n - k).$$

Damit ist der Gesamtaufwand

$$\# \text{flop für } QR\text{-Zerlegung mit MGS} \doteq 4m \sum_{k=1}^{n} (n - k) \doteq 2mn^2.$$

Da A eingelesen, mit Q überschrieben und R abgespeichert wird, erfolgen insgesamt $2mn + n^2/2$ Input-Output-Zugriffe. Die Effizienzquote ist

$$q = \# \text{flop}/\# \text{iop} \doteq \frac{2mn^2}{2mn + n^2/2} \approx \begin{cases} n & n \ll m, \\ \frac{4}{5}m & n \approx m. \end{cases}$$

Auf Basis von Level-3-BLAS wird sich also nur für große n annähernd Peak-Performance erreichen lassen; ein großes m alleine reicht nicht.

9.8 Zur Berechnung einer (oft *nicht* normierten) *QR*-Zerlegung hat MATLAB mit

```
[Q,R] = qr(A,0);
```

ein Interface zu den LAPACK-Routinen xGEQRF, xORGQR und xUNGQR. Diese benutzen *nicht* den MGS-Algorithmus, sondern das Householder-Verfahren; Details finden sich in Anhang D. Der Faktor Q kann so deutlich genauer sein (mehr dazu später), der Faktor R ist von vergleichbarer Güte. Allerdings liegen die Kosten mit

$$\# \text{flop für } QR\text{-Zerlegung mit Householder} \doteq 4mn^2 - \frac{4}{3}n^3$$

um einen Faktor 4/3 bis 2 höher als beim MGS-Algorithmus. Sie lassen sich jedoch um den Faktor 2 reduzieren, wenn man Q nicht explizit ausrechnet, sondern eine implizite Darstellung verwendet, mit der sich Produkte der Form Qx oder $Q'y$ mit einem Aufwand proportional zu mn auswerten lassen. Zu dieser Darstellung bietet MATLAB aber leider kein Interface. In wichtigen Anwendungen wird der Faktor Q jedoch gar nicht benötigt und man erhält den Faktor R mit den Befehlen

```
R = triu(qr(A)); R = R(1:n,1:n);
```

tatsächlich zur Hälfte der Kosten, also mit $2mn^2 - 2n^3/3$ flop.

Givens-Verfahren

9.9 Die normierte *QR*-Zerlegung eines Vektors $0 \neq x \in \mathbb{K}^2 = \mathbb{K}^{2\times 1}$ lautet explizit

$$\underbrace{\begin{pmatrix} \xi_1 \\ \xi_2 \end{pmatrix}}_{=x} = \underbrace{\begin{pmatrix} \xi_1/\rho \\ \xi_2/\rho \end{pmatrix}}_{=q_1} \rho, \qquad \rho = \|x\|_2.$$

Indem wir q_1 geeignet zu einer Orthonormalbasis q_1, q_2 ergänzen, erhalten wir daraus unmittelbar die *unitäre* Matrix (nachrechnen!)

$$\Omega = \left(q_1 \mid q_2 \right) = \rho^{-1} \begin{pmatrix} \xi_1 & -\xi_2' \\ \xi_2 & \xi_1' \end{pmatrix}, \qquad \det \Omega = 1,$$

für die dann gilt

$$x = \Omega \begin{pmatrix} \|x\|_2 \\ 0 \end{pmatrix}, \qquad \Omega'x = \begin{pmatrix} \|x\|_2 \\ 0 \end{pmatrix}. \tag{9.2}$$

Multiplikation mit Ω' „eliminiert" also die zweite Komponente von x; ein solches Ω heißt *Givens-Rotation* zum Vektor x. Mit $\Omega = I$ sehen wir, dass $x = 0$ gar *keine* Ausnahme bildet und die Eliminationsrelation (9.2) für alle $x \in \mathbb{K}^2$ herstellbar ist.

9.10 Mit den Givens-Rotationen lässt sich – *ganz ohne jede Bedingung an den Spaltenrang* – eine QR-Zerlegung einer allgemeinen Matrix $A \in \mathbb{K}^{m \times n}$ berechnen, indem wir spaltenweise, von unten nach oben, Komponente für Komponente, alle Elemente unterhalb der Diagonale „eliminieren"; schematisch wie folgt:

$$
\begin{pmatrix} * & * & * \\ * & * & * \\ * & * & * \\ * & * & * \\ * & * & * \end{pmatrix} \xrightarrow{Q_1' \cdot} \begin{pmatrix} * & * & * \\ * & * & * \\ * & * & * \\ \sharp & \sharp & \sharp \\ 0 & \sharp & \sharp \end{pmatrix} \xrightarrow{Q_2' \cdot} \begin{pmatrix} * & * & * \\ * & * & * \\ \sharp & \sharp & \sharp \\ 0 & \sharp & \sharp \\ 0 & * & * \end{pmatrix} \xrightarrow{Q_3'} \begin{pmatrix} * & * & * \\ \sharp & \sharp & \sharp \\ 0 & \sharp & \sharp \\ 0 & * & * \\ 0 & * & * \end{pmatrix} \xrightarrow{Q_4' \cdot} \begin{pmatrix} \sharp & \sharp & \sharp \\ 0 & \sharp & \sharp \\ 0 & * & * \\ 0 & * & * \\ 0 & * & * \end{pmatrix}
$$

$$
\xrightarrow{Q_5' \cdot} \begin{pmatrix} * & * & * \\ 0 & * & * \\ 0 & * & * \\ 0 & \sharp & \sharp \\ 0 & 0 & \sharp \end{pmatrix} \xrightarrow{Q_6' \cdot} \begin{pmatrix} * & * & * \\ 0 & * & * \\ 0 & \sharp & \sharp \\ 0 & 0 & \sharp \\ 0 & 0 & * \end{pmatrix} \xrightarrow{Q_7' \cdot} \begin{pmatrix} * & * & * \\ 0 & \sharp & \sharp \\ 0 & 0 & \sharp \\ 0 & 0 & * \\ 0 & 0 & * \end{pmatrix} \xrightarrow{Q_8'} \begin{pmatrix} * & * & * \\ 0 & * & * \\ 0 & 0 & * \\ 0 & 0 & \sharp \\ 0 & 0 & 0 \end{pmatrix} \xrightarrow{Q_9' \cdot} \begin{pmatrix} * & * & * \\ 0 & * & * \\ 0 & 0 & \sharp \\ 0 & 0 & 0 \\ 0 & 0 & 0 \end{pmatrix}.
$$

Dabei bezeichnet '∗' ein beliebiges Element. In jedem Schritt sind jene beiden Elemente blau eingefärbt, für die Q_j' gemäß (mit passenden Dimensionen für I)

$$
Q_j' = \left(\begin{array}{c|c|c} I & & \\ \hline & \Omega_j' & \\ \hline & & I \end{array} \right), \qquad \Omega_j' \begin{pmatrix} * \\ * \end{pmatrix} = \begin{pmatrix} \sharp \\ 0 \end{pmatrix},
$$

mit einer Givens-Rotation Ω_j wie in (9.2) konstruiert wird. Um zu verdeutlichen, dass Q_j nur auf den beiden zugehörigen Zeilen wirkt, bezeichnet '$\sharp$' die bei der Multiplikation mit Q_j veränderten Elemente. Bilden wir nach s Eliminationsschritten schließlich das Produkt[28] $Q' = Q_s' \cdots Q_1'$, so gelangen wir zu:

Satz. *Zu $A \in \mathbb{K}^{m \times n}$ mit $m \geqslant n$ gibt es eine unitäre Matrix $Q \in \mathbb{K}^{m \times m}$ und eine obere Dreiecksmatrix $R \in \mathbb{K}^{n \times n}$, so dass*[29]

$$
A = \underbrace{\left(Q_1 \mid Q_2 \right)}_{=Q} \begin{pmatrix} R \\ 0 \end{pmatrix}, \qquad A = Q_1 R; \tag{9.3}
$$

Die erste Beziehung in (9.3) heißt volle, die zweite eine reduzierte QR-Zerlegung von A.

Aufgabe. Formuliere einen entsprechenden Satz für $m < n$.

---

[28] In der numerischen Praxis *speichert* man nur die Givens-Rotationen Ω_j und rechnet Q *nicht* aus. Matrix-Vektor-Produkte der Form Qx bzw. $Q'y$ lassen sich dann in $6s$ flop *auswerten*, indem man Ω_j bzw. Ω_j' nacheinander auf den entsprechenden Komponenten von x und y wirken lässt.

[29] In MATLAB (allerdings auf Basis des Householder-Verfahrens): [Q,R] = qr(A);

9.11 Das Givens-Verfahren aus §9.10 ist dann *besonders* effektiv, wenn zum Erreichen der Dreiecksgestalt nur noch wenige Elemente zu eliminieren sind.

Beispiel. Es reichen $s = 4$ Givens-Rotationen zur Berechnung der QR-Zerlegung

$$H = \begin{pmatrix} * & * & * & * & * \\ * & * & * & * & * \\ 0 & * & * & * & * \\ 0 & 0 & * & * & * \\ 0 & 0 & 0 & * & * \end{pmatrix} \xrightarrow{Q' \cdot} \begin{pmatrix} \sharp & \sharp & \sharp & \sharp & \sharp \\ 0 & \sharp & \sharp & \sharp & \sharp \\ 0 & 0 & \sharp & \sharp & \sharp \\ 0 & 0 & 0 & \sharp & \sharp \\ 0 & 0 & 0 & 0 & \sharp \end{pmatrix} = R.$$

Allgemein heißen Matrizen $H \in \mathbb{K}^{m \times m}$ mit einer solchen Besetzungsstruktur *obere Hessenberg-Matrizen*; im Stile von §5.2 definieren wir sie durch

$$HV_k \subset V_{k+1} \qquad (k = 1 : m - 1).$$

Ihre QR-Zerlegung lässt sich also mit nur $s = m - 1$ Givens-Rotationen berechnen. (Dies wird später bei Eigenwertproblemen noch eine wichtige Rolle spielen).

Aufgabe. Wieviele Gleitkomma-Operationen werden für die QR-Zerlegung einer oberen Hessenberg-Matrix benötigt, sofern Q *nicht* ausmultipliziert wird, sondern die einzelnen Givens-Rotationen $\Omega_1, \ldots, \Omega_s$ nur abgespeichert werden? *Antwort:* $\# \mathrm{flop} \doteq 3m^2$ für $\mathbb{K} = \mathbb{R}$.

Aufgabe. Wir haben Matrixfaktorisierungen in *Standardform* eingeführt: (a) Dreieckszerlegung mit Pivotisierung: $A = PLR$; (b) Cholesky: $A = LL'$; (c) Orthogonalisierung: $A = QR$.

• Gibt es (achte auf Voraussetzungen & Dimensionen) Faktorisierungen der Form

      (a) PRL;   (b) RR';   (c) QL, RQ, LQ ?

Dabei ist: P Permutationsmatrix; L untere, R obere Dreiecksmatrix; Q unitär.

• Welche Varianten lassen sich auf die jeweilige Standardform zurückführen? Gib ggf. *kurze* Matlab-Programme auf Basis der Befehle `lu`, `chol` oder `qr` an.

Hinweis. Ein ebenes Quadrat wird durch eine Diagonale in zwei Dreiecke zerlegt. Welche *geometrische* Transformationen überführen das eine Dreieck in das andere? Was bedeutet das für unsere Matrizen?

III Fehleranalyse

> Most often, instability is caused not by the
> accumulation of millions of rounding errors,
> but by the insidious growth of just a few.
>
> *(Nick Higham 1996)*

> Competent error-analysts are extremely rare.
>
> *(Velvel Kahan 1998)*

Gegenüber dem vergeblichen Ideal exakten Rechnens entstehen in der Praxis unvermeidbar *Ungenauigkeiten* oder *Störungen*, kurz *Fehler*, aus folgenden Quellen:

- *Modellfehler* in der Mathematisierung der Rechenaufgabe;

- *Messfehler* in den Eingabedaten oder Parametern;

- *Rundungsfehler* im Rechenablauf am Computer;

- *Näherungsfehler* wegen Iteration und Approximation bei Grenzwerten.

Trotz ihres negativ besetzten Namens stellen solche Fehler/Ungenauigkeiten/Störungen ganz grundsätzlich etwas Gutes dar:

> *Fehler ermöglichen überhaupt erst das (effiziente) Rechnen am Computer.*

Es besteht nämlich ein Trade-off zwischen Aufwand und Genauigkeit: Genauigkeit hat ihren Preis und wir sollten daher auch nicht mehr von ihr fordern, als nötig oder überhaupt möglich ist. Auf der anderen Seite müssen wir jedoch lernen, *unnötige* Fehler zu vermeiden und Algorithmen entsprechend zu klassifizieren und auszuwählen. Aus diesen Gründen muss man sich frühzeitig systematisch mit der Fehleranalyse vertraut machen.

© Springer Fachmedien Wiesbaden GmbH, ein Teil von Springer Nature 2018
F. Bornemann, *Numerische lineare Algebra*, Springer Studium Mathematik – Bachelor,
https://doi.org/10.1007/978-3-658-24431-6_3

10 Fehlermaße

10.1 Für ein Tupel von Matrizen (Vektoren, Skalare) messen wir die Störung

$$T = (A_1, \ldots, A_t) \xrightarrow{\text{Störung}} \tilde{T} = T + E = (A_1 + E_1, \ldots, A_t + E_t)$$

mit Hilfe zugrunde liegender Normen[30] durch folgende *Fehlermaße* $[\![E]\!]$:

- *absoluter Fehler* $[\![E]\!]_{\text{abs}} = \max_{j=1:t} \|E_j\|$

- *relativer Fehler*[31] $[\![E]\!]_{\text{rel}} = \max_{j=1:t} \|E_j\| / \|A_j\|$

Die Aufspaltung eines Datensatzes in ein solches Tupel ist natürlich nicht eindeutig festgelegt, sondern richtet sich nach der Identifizierung *unabhängig* gestörter Teile. Besteht ein solches Tupel nur aus Skalaren (z.B. den *Komponenten* einer Matrix oder eines Vektors), so sprechen wir von einem *komponentenweisen* Fehlermaß.

10.2 Für *festes A* unterliegt ein Fehlermaß $E \mapsto [\![E]\!]$ genau den *gleichen* Regeln wie eine Norm, nur dass für relative Fehler auch der Wert ∞ möglich ist. Der relative Fehler lässt sich dabei auch wie folgt charakterisieren:

$$[\![E]\!]_{\text{rel}} \leqslant \epsilon \quad \Leftrightarrow \quad \|E_j\| \leqslant \epsilon \cdot \|A_j\| \quad (j = 1 : t).$$

Insbesondere folgt aus $A_j = 0$ notwendigerweise $E_j = 0$, es sei denn $[\![E]\!]_{\text{rel}} = \infty$. *Komponentenweise* relative Fehler werden daher beispielsweise dann betrachtet, wenn die *Besetzungsstruktur* einer Matrix *keinen* Störungen unterworfen ist.

10.3 Ob ein absolutes oder relatives Fehlermaß gewählt wird, muss *problemabhängig* entschieden werden, z.B.:

- Größen mit physikalischen Dimensionen (Zeit, Länge, etc.): *relative* Fehler;

- Rundungsfehler in Gleitkomma-Arithmetik: *relative* Fehler;

- Zahlen mit fester Skala (Wahrscheinlichkeiten, etc.): *absolute* Fehler.

Manchmal richtet sich diese Entscheidung auch ganz pragmatisch danach, für welches der beiden Konzepte sich das *einfachere* Ergebnis zeigen lässt.

---

[30]Zur Wiederholung und Ergänzung des Normbegriffs siehe Anhang C; wir beschränken uns in dieser Vorlesung auf die Normen aus §C.9.

[31]*Hierbei* vereinbaren wir, dass $0/0 = 0$ und $\epsilon/0 = \infty$ für $\epsilon > 0$.

11 Kondition eines Problems

11.1 Wir formalisieren eine Rechenaufgabe (Simulationsaufgabe, „Problem")

$$\boxed{\text{Daten}} \longrightarrow \boxed{\text{math. Modell } f} \longrightarrow \boxed{\text{Resultat}}$$

als Auswertung einer Abbildung[32] $f : x \mapsto y = f(x)$. Dabei sind die „tatsächlichen" Werte der Daten (Parameter zählen wir dazu) meist *keine* mathematische Wahrheit, sondern unterliegen Störungen wie etwa Messfehlern:

$$\boxed{\textit{Störung} \text{ der Daten}} \longrightarrow \boxed{\text{math. Modell } f} \longrightarrow \boxed{\textit{Störung} \text{ des Resultats}}$$

Führt eine solche Störung von x auf eine Eingabe $\tilde{x}$, so erhalten wir unter f mit *mathematischer Notwendigkeit* statt $y = f(x)$ „nur" das Resultat $\tilde{y} = f(\tilde{x})$.

11.2 Das Verhältnis aus Resultatstörung zu Eingabestörung im *Worst Case* des Grenzfalls sehr kleiner Störungen, also

$$\kappa(f; x) = \limsup_{\tilde{x} \to x} \frac{[\![f(\tilde{x}) - f(x)]\!]}{[\![\tilde{x} - x]\!]},$$

definiert die *Kondition* des Problems f im Datenpunkt x (bzgl. des Maßes $[\![\cdot]\!]$). Dabei heißt f in x

- *gut konditioniert* (engl. *well-conditioned*), wenn $\kappa(f; x) \not\gg 1$;

- *schlecht konditioniert* (engl. *ill-conditioned*), wenn $\kappa(f; x) \gg 1$;

- *schlecht gestellt* (engl. *ill-posed*), wenn $\kappa(f; x) = \infty$.

Was „$\kappa \gg 1$" (lies: Kondition sehr viel größer als Eins) im Einzelnen quantitativ bedeutet, wird von den Anforderungen und der Genauigkeitsstruktur der konkreten Anwendung bestimmt. Für die weitere Lektüre nehme man z.B. $\kappa \geqslant 10^5$.

Bemerkung. Um es wirklich ganz deutlich zu sagen: Ob ein Problem schlecht konditioniert (gestellt) ist oder nicht, hängt einzig und allein vom betrachteten mathematischen Modell ab; *Algorithmen und Computer sind an dieser Stelle noch gar nicht im Spiel.* Im Fall eines hochgradig sensitiven Modells muss sehr gut überlegt werden, warum ein Resultat überhaupt berechnet werden soll und welchen Störungen es tatsächlich im Einzelnen unterliegt.

---

[32]In dieser sehr allgemeinen Beschreibung darf x für Tupel von Matrizen wie in §10.1 stehen.

11.3 Zur Veranschaulichung möge ein „Klassiker" der linearen Algebra dienen:
Beispiel. Für die Aufgabe, den Schnittpunkt (Resultat) zweier Geraden (Daten) zu bestimmen, lässt sich die Kondition sehr schön visualisieren:

Die gezeigten Geraden sind nur innerhalb ihrer *Strichstärke* genau: Der Schnittpunkt links ist im Wesentlichen von gleicher Genauigkeit wie die Daten; rechts im Fall fast identischer Geraden ist seine Position in Richtung der Geraden drastisch ungenauer, man spricht vom *schleifenden Schnitt.* Das Problem links ist also *gut,* dasjenige rechts *schlecht* konditioniert.

11.4 Die Definition der Kondition eines Problems f im Datenpunkt x lässt sich auch wie folgt fassen: Sie ist die *kleinste* Zahl $\kappa(f; x) \geqslant 0$, für die

$$[\![f(x + w) - f(x)]\!] \leqslant \kappa(f; x) \cdot [\![w]\!] + o([\![w]\!]) \qquad ([\![w]\!] \to 0).$$

Dabei steht das *Landau-Symbol* $o(\epsilon)$ für Terme, die für $\epsilon \to 0$ *superlinear* gegen Null gehen: $o(\epsilon)/\epsilon \to 0$. Wenn wir derartig in der Störung superlinear verschwindene *additive* Terme weglassen, d.h. nur die *führende Ordnung* bzgl. der Störung angeben, schreiben wir kurz '$\dot{\leqslant}$' (und entsprechend auch '$\dot{\geqslant}$' bzw. '$\dot{=}$'):

$$[\![f(x + w) - f(x)]\!] \dot{\leqslant} \kappa(f; x) \cdot [\![w]\!].$$

11.5 Eine *differenzierbare* Abbildung $f : D \subset \mathbb{R}^m \to \mathbb{R}$ besitzt nach Definition (vgl. Analysis 2) für Störungen $w \to 0$ die Linearisierung

$$f(x + w) \dot{=} f(x) + f'(x) \cdot w;$$

dabei ist die Ableitung der aus den partiellen Ableitungen gebildete *Zeilenvektor*

$$f'(x) = (\partial_1 f(x), \dots, \partial_m f(x)) \in \mathbb{K}^{1 \times m}.$$

Aus der Linearisierung lassen sich nun *geschlossene* Formeln für die Kondition gewinnen; für das *komponentenweise* relative Fehlermaß geht das so:

$$\kappa(f; x) = \limsup_{w \to 0} \frac{[\![f(x + w) - f(x)]\!]}{[\![w]\!]} = \lim_{\epsilon \to 0} \sup_{[\![w]\!] \leqslant \epsilon} \frac{|f(x + w) - f(x)|}{|f(x)| \cdot [\![w]\!]}$$

$$= \lim_{\epsilon \to 0} \sup_{[\![w]\!] \leqslant \epsilon} \frac{|f'(x) \cdot w|}{|f(x)| \cdot [\![w]\!]} \overset{(a)}{=} \sup_{[\![w]\!] \neq 0} \frac{|f'(x) \cdot w|}{|f(x)| \cdot [\![w]\!]} \overset{(b)}{=} \frac{|f'(x)| \cdot |x|}{|f(x)|}$$

Dabei gilt (a), weil Zähler und Nenner absolut homogen in w sind. Indem wir unten auch noch (b) beweisen, gelangen wir zu folgender kurzen *Konditionsformel*:

Satz. *Für differenzierbares $f : D \subset \mathbb{R}^m \to \mathbb{R}$ und $f(x) \neq 0$ gilt*

$$\kappa(f;x) = \frac{|f'(x)| \cdot |x|}{|f(x)|} \tag{11.1}$$

bzgl. des komponentenweisen relativen Fehlers in x und des relativen Fehlers in $f(x)$. Diese Formel liefert also die kleinste Zahl $\kappa(f;x) \geqslant 0$, so dass

$$\frac{|f(x+w) - f(x)|}{|f(x)|} \,\dot{\leqslant}\, \kappa(f;x)\epsilon \quad \text{mit} \quad |w| \leqslant \epsilon |x| \text{ für } \epsilon \to 0.$$

Wir nennen dieses $\kappa(f;x)$ kurz die komponentenweise relative Kondition von f.

Beweis. Setze $y' = f'(x)$. Für die Störung w von x gilt im komp. rel. Fehlermaß

$$[\![w]\!] = \|w_x\|_\infty,$$

wenn $w_x \in \mathbb{R}^m$ die komponentenweise Division von w durch x bezeichnet; das komponentenweise Produkt von y mit x sei ${}^x y \in \mathbb{R}^m$. Dann gilt wegen (C.3)

$$\sup_{[\![w]\!] \neq 0} \frac{|y' \cdot w|}{[\![w]\!]} = \sup_{w_x \neq 0} \frac{|{}^x y' \cdot w_x|}{\|w_x\|_\infty} = \sup_{v \neq 0} \frac{|{}^x y' \cdot v|}{\|v\|_\infty} = \|{}^x y'\|_\infty = \|{}^x y\|_1 = |y'| \cdot |x|.$$

womit (b) bewiesen ist.[33] $\square$

11.6 Mit der Formel (11.1) können wir sofort die *komponentenweise relative* Kondition κ der elementaren arithmetischen Operationen f bestimmen:

f	$\xi_1 + \xi_2$	$\xi_1 - \xi_2$	$\xi_1 \xi_2$	ξ_1/ξ_2	ξ_1^{-1}	$\sqrt{\xi_1}$
κ	1	$\frac{\|\xi_1\| + \|\xi_2\|}{\|\xi_1 - \xi_2\|}$	2	2	1	$1/2$

$$\left.\phantom{\begin{matrix}1\\1\end{matrix}}\right\} \quad \text{für} \quad \xi_1, \xi_2 > 0.$$

Wir rechnen das für Addition und Subtraktion vor, den Rest der Tabelle überlassen wir zur Übung: Mit $x = (\xi_j)_{j=1:2}$ und $f(x) = \xi_1 \pm \xi_2$ gilt

$$\kappa(f;x) = \frac{|f'(x)| \cdot |x|}{|f(x)|} = \frac{|(1, \pm 1)| \cdot \begin{pmatrix} |\xi_1| \\ |\xi_2| \end{pmatrix}}{|\xi_1 \pm \xi_2|} = \frac{(1,1) \cdot \begin{pmatrix} |\xi_1| \\ |\xi_2| \end{pmatrix}}{|\xi_1 \pm \xi_2|} = \frac{|\xi_1| + |\xi_2|}{|\xi_1 \pm \xi_2|}$$

Im Fall der Addition reduziert sich das für $\xi_1, \xi_2 > 0$ auf $\kappa = 1$. Bis auf echte Subtraktionen sind also alle elementaren Operationen bzgl. des komponentenweisen relativen Fehlermaßes *gut* konditioniert; jene ist aber im Fall der *Auslöschung*, d.h.

$$|\xi_1 \pm \xi_2| \ll |\xi_1| + |\xi_2|, \tag{11.2}$$

schlecht konditioniert (für $\xi_1 \pm \xi_2 = 0$ sogar schlecht gestellt).

---

[33] Beachte, dass Nullkomponenten von x in diesem Beweis keinerlei Probleme bereiten. (Warum?)

Beispiel. Subtrahieren wir die Zahlen

$$\xi_1 = 1.23456\,89\,?\cdot 10^0$$
$$\xi_2 = 1.23456\,78\,?\cdot 10^0$$

wobei das '?' für Unsicherheiten in der 9. Dezimalziffer steht, so ist das Resultat

$$\xi_1 - \xi_2 = 0.0000011\,?\cdot 10^0 = 1.1\,?\cdot 10^{-6},$$

in welchem sich die Unsicherheit auf die 3. Dezimalziffer der *normierten* Darstellung (führende Ziffer ungleich Null) verschoben hat: *Wir haben also 6 Dezimalziffern an Genauigkeit verloren (ausgelöscht).* Die Kondition der Subtraktion liefert hier

$$\kappa \approx 2.2 \cdot 10^6.$$

Ganz grundsätzlich gilt:

> *Gegenüber den Daten verliert ein Resultat in etwa* $\log_{10}\kappa$ *Dezimalziffern an Genauigkeit (mit* κ *komponentenweiser relativer Kondition des Problems).*

Aufgabe. Zeige für die komponentenweise relative Kondition des inneren Produkts $x'y$:

$$\kappa = 2\frac{|x'|\cdot|y|}{|x'\cdot y|} \qquad (x,y \in \mathbb{R}^m). \tag{11.3}$$

Charakterisiere den schlecht konditionierten (gestellten) Fall. Vergleiche auch mit §11.7.

Kondition von Matrixprodukt und linearen Gleichungssystemen

11.7 Wir betrachten das Matrixprodukt AB für $A \in \mathbb{K}^{m\times n}$, $B \in \mathbb{K}^{n\times p}$ unter Störungen mit einem relativen Fehler der Form

$$\tilde{A} = A + E, \quad \|E\| \leqslant \epsilon\|A\|, \qquad \tilde{B} = B + F, \quad \|F\| \leqslant \epsilon\|B\|.$$

Dann gilt mit Dreiecksungleichung und Submultiplikativität

$$\|\tilde{A}\tilde{B} - AB\| \leqslant \underbrace{\|E\|\cdot\|B\|}_{\leqslant\epsilon\|A\|\cdot\|B\|} + \underbrace{\|A\|\cdot\|F\|}_{\leqslant\epsilon\|A\|\cdot\|B\|} + \underbrace{\|E\|\cdot\|F\|}_{\leqslant\epsilon^2\|A\|\cdot\|B\|} \stackrel{\cdot}{\leqslant} 2\epsilon\|A\|\cdot\|B\|,$$

so dass der relative Fehler des gestörten Resultats folgende Abschätzung erfüllt:

$$\frac{\|\tilde{A}\tilde{B} - AB\|}{\|AB\|} \stackrel{\cdot}{\leqslant} 2\frac{\|A\|\cdot\|B\|}{\|A\cdot B\|}\,\epsilon.$$

Wird nur *einer* der beiden Faktoren A, B gestört, so darf hier der Faktor 2 fehlen.

Bemerkung. Die relative Kondition κ des Matrixprodukts AB erfüllt also die Abschätzung

$$\kappa \leqslant 2\frac{\|A\|\cdot\|B\|}{\|A\cdot B\|}.$$

Solche Abschätzungen *nach oben* erlauben in konkreten Fällen entweder den *Nachweis* einer guten Kondition oder geben anderenfalls einen *Hinweis* auf eine schlechte Kondition.

Aufgabe. Zeige für *komponentenweise* Störungen der Form

$$\tilde{A} = A + E, \quad |E| \leqslant \epsilon |A|, \qquad \tilde{B} = B + F, \quad |F| \leqslant \epsilon |B|,$$

die Abschätzungen (wobei der Faktor 2 fehlt, wenn nur einer der Faktoren gestört ist)

$$|\tilde{A}\tilde{B} - AB| \lesssim 2\epsilon |A| \cdot |B|, \qquad \frac{\|\tilde{A}\tilde{B} - AB\|_\infty}{\|AB\|_\infty} \lesssim 2\frac{\| |A| \cdot |B| \|_\infty}{\|A \cdot B\|_\infty}\epsilon. \tag{11.4}$$

11.8 Für lineare Gleichungssystem $Ax = b$ betrachten wir zwei getrennte Fälle:

Störungen der rechten Seite $b \in \mathbb{K}^m$ mit einem relativen Fehler der Form	*Störungen der Matrix* $A \in \mathrm{GL}(m; \mathbb{K})$ mit einem relativen Fehler der Form
$$\tilde{b} = b + r, \qquad \|r\| \leqslant \epsilon\|b\|,$$	$$\tilde{A} = A + E, \qquad \|E\| \leqslant \epsilon\|A\|,$$
führen auf $A\tilde{x} = b + r$, so dass	führen auf $(A + E)\tilde{x} = b$, so dass
$$\tilde{x} - x = A^{-1}r.$$	$$x - \tilde{x} = A^{-1}E\tilde{x}.$$
Mit der *induzierten* Matrixnorm gilt	Mit der *induzierenden* Vektornorm gilt
$$\|\tilde{x} - x\| \leqslant \|A^{-1}\| \cdot \|r\|$$ $$\leqslant \|A^{-1}\| \cdot \|A\| \cdot \|x\|\,\epsilon.$$	$$\|x - \tilde{x}\| \leqslant \|A^{-1}\| \cdot \|E\| \cdot \|\tilde{x}\|$$ $$\leqslant \|A^{-1}\| \cdot \|A\| \cdot \|\tilde{x}\|\,\epsilon.$$
Der relative Fehler des Resultats erfüllt also die Abschätzung	Der relative Fehler des Resultats (hier auf $\tilde{x}$ bezogen) erfüllt also
$$\frac{\|\tilde{x} - x\|}{\|x\|} \leqslant \kappa(A)\,\epsilon.$$	$$\frac{\|x - \tilde{x}\|}{\|\tilde{x}\|} \leqslant \kappa(A)\,\epsilon. \tag{11.5}$$

Dabei definieren wir

$$\kappa(A) = \|A^{-1}\| \cdot \|A\|$$

als *Kondition der Matrix* A; für nicht-invertierbare $A \in \mathbb{K}^{m \times m}$ setzen wir $\kappa(A) = \infty$.

Bemerkung. Für kleine Störungen $\epsilon \to 0$ sehen wir in beiden Fällen, dass die normweise relative Kondition κ des linearen Gleichungssystems die Abschätzung $\kappa \leqslant \kappa(A)$ erfüllt. Tatsächlich gilt $\kappa = \kappa(A)$, falls nur die Matrix A gestört wird; vgl. §11.9 sowie (16.4).

Aufgabe. Zeige: Für eine *komponentenweise* Störung von $Ax = b$ in der Form

$$\tilde{b} = b + r, \quad |r| \leqslant \epsilon|b|, \qquad \text{bzw.} \qquad \tilde{A} = A + E, \quad |E| \leqslant \epsilon|A|,$$

genügt der relative Fehler des gestörten Resultats $\tilde{x}$ der Abschätzung

$$\frac{\|\tilde{x} - x\|_\infty}{\|x\|_\infty} \lesssim \mathrm{cond}(A, x)\,\epsilon, \qquad \mathrm{cond}(A, x) = \frac{\| |A^{-1}| |A| |x| \|_\infty}{\|x\|_\infty}.$$

Diese *Skeel–Bauer-Kondition* cond(A, x) des linearen Gleichungssystems erfüllt zudem

$$\text{cond}(A, x) \leqslant \text{cond}(A) = \| \, |A^{-1}| \, |A| \, \|_\infty \leqslant \kappa_\infty(A) = \|A^{-1}\|_\infty \|A\|_\infty.$$

Konstruiere eine Matrix A mit $\kappa_\infty(A) \gg 1$, für die jedoch cond$(A) \approx 1$.

11.9 Die Kondition einer Matrix A beschreibt sehr konkret und *geometrisch* den Abstand zur *nächstgelegenen* nicht-invertierbaren (kurz: *singulären*) Matrix:

Satz (Kahan 1966). *Für die Kondition $\kappa(A)$ zu einer induzierten Matrixnorm gilt*

$$\kappa(A)^{-1} = \min \left\{ \frac{\|E\|}{\|A\|} : A + E \text{ ist singulär} \right\}.$$

Die Festlegung $\kappa(A) = \infty$ für singuläres $A \in \mathbb{K}^{m \times m}$ ergibt somit einen tieferen Sinn.

Beweis. Ist $A + E$ singulär, so gibt es ein $x \neq 0$ mit $(A + E)x = 0$, d.h.

$$0 < \|x\| = \|A^{-1}Ex\| \leqslant \|A^{-1}\| \, \|E\| \, \|x\| = \kappa(A) \frac{\|E\|}{\|A\|} \|x\|$$

und daher nach Division $\kappa(A)^{-1} \leqslant \|E\| / \|A\|$.

Wir müssen noch zeigen, dass für ein spezielles derartiges E sogar Gleichheit gilt (der Einfachheit halber beschränken wir uns hierbei auf die $\| \cdot \|_2$-Norm). Dazu nimmt man ein y mit $\|y\|_2 = 1$, welches das Maximum in

$$\|A^{-1}\|_2 = \max_{\|u\|_2 = 1} \|A^{-1}u\|_2 = \|A^{-1}y\|_2$$

realisiert, setzt $x = A^{-1}y \neq 0$ und wählt als Störung von A das äußere Produkt

$$E = -\frac{y \, x'}{x'x}.$$

Dessen Spektralnorm berechnet sich (wir überlassen dabei (a) zur Übung)

$$\|E\|_2 \overset{(a)}{=} \frac{\|y\|_2 \|x\|_2}{\|x\|_2^2} = \frac{1}{\|x\|_2} = \frac{1}{\|A^{-1}\|_2}, \qquad \frac{\|E\|_2}{\|A\|_2} = \kappa_2(A)^{-1}.$$

Nun ist $A + E$ aber singulär, da $(A + E)x = y - y = 0$ und $x \neq 0$. $\square$

Aufgabe. Führe den zweiten Teil des Beweises auch für die Matrixnormen $\| \cdot \|_1$ und $\| \cdot \|_\infty$.

11.10 Unterliegt die Matrix A der *Unsicherheit* eines relativen Fehlers ϵ und besitzt dabei eine so große Kondition, dass $\kappa_2(A) \geqslant \epsilon^{-1}$, so könnte A nach dem Satz von Kahan – im Rahmen jener Unsicherheit – „eigentlich" vielmehr eine singuläre Matrix $\tilde{A}$ repräsentieren. In diesem Sinn definieren wir:

Eine Matrix A mit $\kappa_2(A) \geqslant \epsilon^{-1}$ heißt ϵ-singulär.

12 Maschinenzahlen

12.1 Eine t-stellige Gleitkommazahl $\zeta \neq 0$ zur Basis $\beta \in \mathbb{N}_{\geqslant 2}$ ist von der Form

$$\zeta = \pm \underbrace{d_1.d_2 \cdots d_t}_{\text{Mantisse}} \times \beta^e \quad \text{mit Ziffern} \quad d_k \in \{0, 1, \ldots, \beta - 1\};$$

wobei der Exponent $e \in \mathbb{Z}$ grundsätzlich durch $d_1 \neq 0$ *normalisiert* wird.[34] Alternativ können wir solche ζ auch *eindeutig* in der Form

$$\zeta = \pm m \cdot \beta^{e+1-t}, \quad m \in \{\beta^{t-1}, \beta^{t-1} + 1, \ldots, \beta^t - 1\} \subset \mathbb{N}, \quad e \in \mathbb{Z},$$

darstellen. Die Menge all dieser Gleitkommazahlen (engl.: *floating point numbers*) zusammen mit der Null bezeichnen wir als *Maschinenzahlen* $\mathbb{F} = \mathbb{F}_{\beta,t}$.

12.2 Die *Rundung*

$$\mathrm{fl} : \mathbb{R} \to \mathbb{F}$$

bildet $\zeta \in \mathbb{R}$ auf die *nächstgelegene* Maschinenzahl $\mathrm{fl}(\zeta) = \hat{\zeta} \in \mathbb{F}$ ab.[35] Sie ist klar

- *monoton* $\zeta \leqslant \eta \Rightarrow \mathrm{fl}(\zeta) \leqslant \mathrm{fl}(\eta)$;

- *idempotent* $\mathrm{fl}(\zeta) = \zeta$ für $\zeta \in \mathbb{F}$.

Lemma. *Der relative Fehler der Rundung* $\mathrm{fl}(\zeta) = \hat{\zeta}$ *erfüllt die Abschätzung*

$$\frac{|\hat{\zeta} - \zeta|}{|\zeta|} \leqslant \epsilon_{\text{mach}}$$

mit der Maschinengenauigkeit $\epsilon_{\text{mach}} = \frac{1}{2}\beta^{1-t}$. *Es ist also* $\hat{\zeta} = \zeta(1 + \epsilon)$ *mit* $|\epsilon| \leqslant \epsilon_{\text{mach}}$.

Beweis. Ohne Einschränkung sei $\zeta > 0$, so dass $0 < \zeta_0 \leqslant \zeta < \zeta_1$ für zwei unmittelbar aufeinanderfolgende Maschinenzahlen $\zeta_0, \zeta_1 \in \mathbb{F}$. Dann ist

$$\hat{\zeta} \in \{\zeta_0, \zeta_1\} \quad \text{mit} \quad |\hat{\zeta} - \zeta| \leqslant (\zeta_1 - \zeta_0)/2$$

und aus der Darstellung $\zeta_k = (m + k)\beta^{e+1-t}$ mit $\beta^{t-1} \leqslant m < \beta^t$ folgt

$$\frac{|\hat{\zeta} - \zeta|}{|\zeta|} \leqslant \frac{1}{2}\frac{\zeta_1 - \zeta_0}{\zeta_0} = \frac{1}{2m} \leqslant \frac{1}{2}\beta^{1-t} = \epsilon_{\text{mach}}.$$

Die zweite Aussage ist nur eine Umformulierung der ersten mit $\epsilon = (\hat{\zeta} - \zeta)/\zeta$.   □

---

[34]Für $\beta = 2$ ist dann stets $d_1 = 1$ und braucht als *verstecktes Bit* nicht gespeichert zu werden.
[35]Gibt es hierzu zwei Möglichkeiten, so wählt man diejenige mit *geradem* d_t (engl.: *round to even*).

12.3 Im Computer ist der Exponent e auf eine *endliche* Menge

$$\{e_{\min}, e_{\min} + 1, \ldots, e_{\max} - 1, e_{\max}\} \subset \mathbb{Z}$$

beschränkt. Betragsmäßig zu große oder zu kleine Zahlen $\hat{\zeta} \in \mathbb{F}$ lassen sich dann nicht mehr darstellen und führen zu Exponenten-*Überlauf* (engl.: *overflow*) bzw. Exponenten-*Unterlauf* (engl.: *underflow*), was der Computer meist ohne jede Warnung durch die Werte $\pm\infty$ bzw. Null „abfängt". In der numerischen linearen Algebra stellen Überlauf- oder Unterlauf (*außer* für Determinanten) typischerweise keine allzu große Gefahr dar.

12.4 Der seit 1985 auf so gut wie allen Computern gültige IEEE-Standard 754 stellt zwei Binärformate für die *Hardwarearithmetik* zur Verfügung:[36]

einfach genau *(single)*	doppelt genau *(double)*
32 Bit = 4 Bytes mit Speicherschema	64 Bit = 8 Bytes mit Speicherschema
$\boxed{s{:}1 \mid e{:}8 \mid \quad f{:}23 \quad}$	$\boxed{s{:}1 \mid e{:}11 \mid \quad f{:}52 \quad}$
$\zeta = \begin{cases} (-1)^s\, 2^{e-127} \times 1.f & e = 1 : 254 \\ (-1)^s\, 2^{-126} \times 0.f & e = 0 \\ (-1)^s\, \infty & e = 255, f = 0 \\ \text{NaN} & e = 255, f \neq 0 \end{cases}$	$\zeta = \begin{cases} (-1)^s\, 2^{e-1023} \times 1.f & e = 1 : 2046 \\ (-1)^s\, 2^{-1022} \times 0.f & e = 0 \\ (-1)^s\, \infty & e = 2047, f = 0 \\ \text{NaN} & e = 2047, f \neq 0 \end{cases}$
Basis β: 2	Basis β: 2
Mantissenlänge t: 24	Mantissenlänge t: 53
Überlaufschwelle: $2^{127}(2 - 2^{-23}) \approx 3.4 \times 10^{38}$	Überlaufschwelle: $2^{1023}(2 - 2^{-52}) \approx 1.8 \times 10^{308}$
Unterlaufschwelle: $2^{-126} \approx 1.2 \times 10^{-38}$	Unterlaufschwelle: $2^{-1022} \approx 2.2 \times 10^{-308}$
Genauigkeit ϵ_{mach}: $2^{-24} \approx 5.96 \times 10^{-8}$	Genauigkeit ϵ_{mach}: $2^{-53} \approx 1.11 \times 10^{-16}$
entspricht etwas weniger als 8 Dezimalstellen	entspricht etwas mehr als 16 Dezimalstellen

Der IEEE-Standard kennt dabei auch die Symbole

- $\pm\infty$, z.B. als Wert von $\pm 1/0$;

- NaN (engl.: *not a number*), z.B. als Ergebnis von $0/0$ oder $\infty - \infty$.

Beides erleichtert und standardisiert die Behandlung arithmetischer Ausnahmen.

12.5 Der IEEE-Standard 754 legt zudem fest, dass arithmetische Operationen und Quadratwurzel für Maschinenzahlen *korrekt gerundet* berechnet werden: Bezeichnen wir die Realisierung einer Operation $\star$ mit $\hat{\star}$, so gilt also für $\zeta, \eta \in \mathbb{F}$

$$\zeta \,\hat{\star}\, \eta = \text{fl}(\zeta \star \eta) \qquad (\star \in \{+, -, \cdot, /, \sqrt{\ }\}).$$

---

[36]MATLAB verwendet von Haus aus die doppelt genaue Arithmetik, erlaubt aber auch die Benutzung einfacher Genauigkeit.

Aus Lemma 12.2 folgt so unmittelbar das *Standardmodell der Maschinenarithmetik*:

Zu $\xi, \eta \in \mathbb{F}$ und $\star \in \{+, -, \cdot, /, \sqrt{\ }\}$ gibt es $|\epsilon| \leqslant \epsilon_{\mathrm{mach}}$, so dass

$$\xi \mathbin{\hat{\star}} \eta = (\xi \star \eta)(1 + \epsilon) \tag{12.1}$$

für die Maschinenrealisierung $\hat{\star}$ der arithmetischen Operation.

Bemerkung. Sowohl die Assoziativgesetze als auch das Distributivgesetz *verlieren* in der Maschinenarithmetik ihre Gültigkeit: Klammern müssen daher sehr bewusst gesetzt werden (mit anderenfalls „dramatischen" Folgen, wie wir in §14.4 sehen werden).

Aufgabe. Wie muss ϵ_{mach} angepasst werden, damit das Standardmodell für $\mathbb{K} = \mathbb{C}$ gültig bleibt, wenn die komplexe Arithmetik aus reellen Operationen aufgebaut wird?

12.6 Bereits die *Eingabe* von Daten in den Computer verursacht in der Regel die ersten Rundungsfehler: So werden beispielsweise schon die einfachsten Dezimalbrüche durch *nicht-abbrechende* Binärbrüche dargestellt, z.B.

$$0.1_{10} = 0.000\overline{1100}_2,$$

und müssen daher bei der Eingabe auf eine Maschinenzahl gerundet werden. Für die Daten x (ggf. ein Tupel von Matrizen) des Problems $x \mapsto f(x)$ aus §11.1 bedeutet das eine tatsächlich aus Maschinenzahlen bestehende Eingabe $\hat{x} = \mathrm{fl}(x)$ mit einem *komponentenweisen* relativen Fehler

$$|\hat{x} - x| \leqslant \epsilon_{\mathrm{mach}} |x|.$$

Wendet man zuerst eine monotone Norm und dann die Äquivalenzen aus §C.9 an, so bedeutet dies für *jedes* relative Fehlermaß eine Eingabestörung der Form[37]

$$[\![\hat{x} - x]\!]_{\mathrm{rel}} = O(\epsilon_{\mathrm{mach}}).$$

Solche Eingabestörungen ziehen *unvermeidbar* Störungen im Resultat nach sich, selbst wenn der Computer nach Eingabe der Daten *exakt* weiterrechnen würde: Mit einer passenden Konditionszahl liefert §11.4 nämlich die Abschätzung

$$[\![f(\hat{x}) - f(x)]\!] = O(\kappa(f; x)\,\epsilon_{\mathrm{mach}}).$$

---

[37]Das Landau-Symbol $O(\epsilon_{\mathrm{mach}})$ steht für Abschätzungen der Form

$$|O(\epsilon_{\mathrm{mach}})| \leqslant c\epsilon_{\mathrm{mach}} \qquad (\epsilon_{\mathrm{mach}} \leqslant \epsilon_0)$$

mit einer Konstanten $c > 0$. Dabei vereinbaren wir für *Aussagen* über Problemklassen und Algorithmen, dass solche c nur polynomiell von den Dimensionen des Problems, nicht aber von den spezifischen Daten oder der Maschinengenauigkeit ϵ_{mach} abhängen dürfen.

Bei der *Beurteilung* konkreter Instanzen (des Problems und von ϵ_{mach}) werden wir noch solche Konstanten c (bzw. Verhältnisse $c = a/b$ bei Größenvergleichen der Form $a \not\geqslant b$) akzeptieren, welche einen Genauigkeitsverlust von z.B. höchstens einem Drittel der Mantissenlänge gewährleisten:

$$c \leqslant \epsilon_{\mathrm{mach}}^{-1/3}.$$

Für solche Beurteilungen gilt immer: „Your mileage may vary"; aber das Prinzip sollte klar sein.

13 Stabilität eines Algorithmus

13.1 Ein *Algorithmus* zur Auswertung von f ist letztlich eine Zerlegung

$$f = \underbrace{f_s \circ \cdots \circ f_1}_{\text{Algorithmus}}$$

in die Hintereinanderausführung elementarer Rechenoperationen wie z.B. arithmetischer Operationen, Level-n-BLAS oder anderer *standardisierter* Operationen. Durch die Verwendung von Maschinenzahlen wird am Computer jedoch eine gegenüber f gestörte Abbildung[38]

$$\hat{f} = \hat{f_s} \circ \cdots \circ \hat{f_1}$$

realisiert, wobei $\hat{f_j}$ die Ausführung der standardisierten Operation f_j unter Berücksichtigung sämtlicher *Rundungsfehler* bezeichnet.

13.2 Ein Algorithmus $\hat{f}$ zur Auswertung des Problems f heißt *stabil*, falls

$$[\![\hat{f}(x) - f(\tilde{x})]\!] = O(\epsilon_{\text{mach}})$$

für eine geeignet im Rahmen der Maschinengenauigkeit gestörte Eingabe

$$[\![\tilde{x} - x]\!] = O(\epsilon_{\text{mach}});$$

anderenfalls ist er *instabil*. Nach Trefethen und Bau können wir das so formulieren:

> *Ein stabiler Algorithmus liefert ungefähr das richtige Resultat zu ungefähr der richtigen Eingabe.*

Bemerkung. Ein stabiler Algorithmus für das Problem f verhält sich also völlig *vergleichbar* zur Abfolge fl $\circ$ f $\circ$ fl, die dem absoluten Minimum notwendiger Rundungen entspräche.

13.3 Viele Algorithmen der numerischen linearen Algebra erfüllen ein Konzept, das zugleich stärker als auch einfacher als die Stabilität ist: Ein Algorithmus $\hat{f}$ zur Auswertung des Problems f heißt *rückwärtsstabil*, falls sogar

$$\hat{f}(x) = f(\tilde{x}) \quad \text{für eine gestörte Eingabe } \tilde{x} \text{ mit } \quad [\![\tilde{x} - x]\!] = O(\epsilon_{\text{mach}}).$$

Wir bezeichnen solche $\tilde{x} - x$ als *Rückwärtsfehler* des Algorithmus $\hat{f}$; der Vergleich eines Rückwärtsfehlers mit der Maschinengenauigkeit heißt *Rückwärtsanalyse*. Nach Trefethen und Bau können wir das Ganze so formulieren:

---

[38]Wegen der Abhängigkeit vom betrachteten Algorithmus gibt es kein „absolutes" $\hat{f}$: Wir identifizieren die Bezeichnung $\hat{f}$ daher stets mit der Realisierung eines konkreten Algorithmus unter einer konkreten Maschinenarithmetik.

*Ein rückwärtsstabiler Algorithmus liefert genau das richtige Resultat zu un-
gefähr der richtigen Eingabe.*

Beispiel. Die arithmetischen Operationen sind im Standardmodell (12.1) der Maschinenarithmetik tatsächlich rückwärtsstabil realisiert: Für $\xi, \eta \in \mathbb{F}$ ist nämlich

$$\xi \,\hat{\pm}\, \eta = \tilde{\xi} \pm \tilde{\eta}$$
$$\xi \,\hat{\cdot}\, \eta = \tilde{\xi} \cdot \eta$$
$$\xi \,\hat{/}\, \eta = \tilde{\xi}/\eta$$

wobei jeweils $\tilde{\xi} = \xi(1 + \epsilon)$, $\tilde{\eta} = \eta(1 + \epsilon)$ für passend gewähltes $|\epsilon| \leqslant \epsilon_{\mathrm{mach}}$.

Bemerkung. Da korrekt gerundet, ist $\hat{\pm}$ im Fall der Auslöschung (11.2) sogar *exakt*.

Aufgabe. Zeige: Die Quadratwurzel wird im Standardmodell rückwärtsstabil realisiert.

13.4 Wie *genau* ist nun aber das Resultat eines *stabilen* Algorithmus? Da wir die
Genauigkeit von $f(\tilde{x})$ nach §11.4 abschätzen können, folgt für einen rückwärtsstabilen Algorithmus sofort die *Fehlerabschätzung*[39]

$$\llbracket \hat{f}(x) - f(x) \rrbracket = O(\kappa(f; x)\,\epsilon_{\mathrm{mach}});$$

wir nennen $\hat{f}(x) - f(x)$ den *Vorwärtsfehler* des Algorithmus $\hat{f}$. Es wäre müßig,
von einem Algorithmus eine *höhere* Genauigkeit zu verlangen, da ja nach §12.6
allein die Eingabe von x in den Computer ein gestörtes $\hat{x}$ erzeugt, dessen *exaktes*
Resultat genau der gleichen Fehlerabschätzung unterliegt:

$$\llbracket f(\hat{x}) - f(x) \rrbracket = O(\kappa(f; x)\,\epsilon_{\mathrm{mach}}).$$

Der Vergleich des Vorwärtsfehlers eines Algorithmus mit diesem durch die Kondition des Problems bestimmten unvermeidbaren Fehler heißt *Vorwärtsanalyse*.

Stabilitätsanalyse des Matrixprodukts[40]

13.5 Das innere Produkt $\pi_m = y'x$ zweier Maschinenvektoren $x, y \in \mathbb{F}^m$ lässt sich
rekursiv mit folgendem einfachen Algorithmus realisieren:

$$\hat{\pi}_0 = 0, \qquad \hat{\pi}_k = \hat{\pi}_{k-1} \,\hat{+}\, \eta_k \,\hat{\cdot}\, \xi_k \quad (k = 1:m).$$

Nach dem Standardmodell schreiben wir das in der Form

$$\hat{\pi}_k = \Big(\hat{\pi}_{k-1} + (\eta_k \cdot \xi_k)(1 + \epsilon_k) \Big)(1 + \delta_k) \qquad (k = 1:m)$$

---

[39] Das gleiche Resultat gilt für *stabile* Algorithmen, falls $\kappa(f; x)^{-1} = O(1)$ (was meist der Fall ist).
[40] Notation wie in §§2.8 und 2.10

mit den relativen Fehlern $|\epsilon_k|, |\delta_k| \leqslant \epsilon_{\text{mach}}$ (wobei $\delta_1 = 0$). Sammeln wir all diese Fehler als *Rückwärtsfehler* der Komponenten von y, so ist das ausmultipliziert

$$\widehat{\pi}_m = \tilde{y}' \cdot x, \qquad |\tilde{y} - y| \dot{\leqslant} m\,\epsilon_{\text{mach}}|y|,$$

mit $\tilde{\eta}_k = \eta_k(1 + \epsilon_k)(1 + \delta_k) \cdots (1 + \delta_m) = \eta_k(1 + \theta_k)$, so dass $|\theta_k| \dot{\leqslant} m\,\epsilon_{\text{mach}}$.[41] Da all das *unabhängig* von der Reihenfolge der Summanden gilt, halten wir fest:

Fazit. *Level-1-BLAS berechnet innere Produkte rückwärtsstabil.*

13.6 Das Matrix-Vektor-Produkt $y = Ax$ lässt sich *zeilenweise* als inneres Produkt von $x \in \mathbb{F}^n$ mit den Zeilenvektoren der Matrix $A \in \mathbb{F}^{m \times n}$ realisieren. Sammeln wir hier die Fehler jeweils als Rückwärtsfehler des *Zeilenvektors*, so gilt für das Maschinenergebnis $\widehat{y} \in \mathbb{F}^m$ die Rückwärtsfehlerabschätzung

$$\widehat{y} = (A + E)x, \qquad |E| \dot{\leqslant} n\,\epsilon_{\text{mach}}|A|.$$

Fazit. *Level-2-BLAS berechnet Matrix-Vektor-Produkte rückwärtsstabil.*

13.7 Für $C = AB$ mit $A \in \mathbb{F}^{m \times n}$, $B \in \mathbb{F}^{n \times p}$ erhalten wir so *spaltenweise*

$$\widehat{c}^j = (A + E_j)b^j, \qquad |E_j| \dot{\leqslant} n\,\epsilon_{\text{mach}}|A| \qquad (j = 1:p).$$

Die Spaltenvektoren c^j sind also *rückwärtsstabil* berechenbar; i. Allg. nicht aber die Produktmatrix C selbst.

Beispiel. Für ein äußeres Produkt $C = xy'$ ist $\widehat{C}$ in der Regel *keine* Rang-1-Matrix mehr.

Wir erhalten hieraus jedoch sofort eine Vorwärtsfehlerabschätzung in der Größenordnung des *unvermeidbaren* Fehlers – vgl. (11.4):

$$|\widehat{C} - C| \dot{\leqslant} n\,\epsilon_{\text{mach}}|A| \cdot |B|.$$

Gilt komponentenweise $A \geqslant 0$, $B \geqslant 0$, so ist $|A| \cdot |B| = |C|$ und das Ergebnis $\widehat{C}$ verhält sich wie die Eingabe von C bei einer Maschinengenauigkeit von $n\epsilon_{\text{mach}}$.

Einfache Kriterien für die Analyse numerischer Stabilität

13.8 Umfassende Analysen wie auf der letzten Seite werden schnell recht länglich. Um stabilitätsgefährdende Schwachstellen mit sicherem Blick sofort finden zu können, betrachten wir den *Fehlertransport* im Algorithmus *abschnittsweise* gemäß

$$f = \underbrace{f_s \circ \cdots \circ f_{k+1}}_{=h} \circ \underbrace{f_k \circ \cdots \circ f_1}_{=g} = h \circ g;$$

wir nennen h einen *Endabschnitt* und g einen *Startabschnitt* des Algorithmus. Der

---

[41] Wegen $\delta_1 = 0$ finden sich im Ausdruck für η_k maximal m Faktoren der Form $(1 + \alpha)$ mit $|\alpha| \leqslant \epsilon_{\text{mach}}$.

Gesamtfehler von $\hat{f}$ ist – als Vorwärts- und als Rückwärtsfehler – in führender Ordnung die *Superposition* derjenigen Beiträge, die durch Rundung *zwischen* solchen Abschnitten erzeugt werden:

$$f_* = h \circ \mathrm{fl} \circ g.$$

Wenn sie sich nicht in „wundersamer Weise" gegenseitig aufheben (worauf man nicht bauen sollte), so können bereits einzelne große Beiträge für die *Instabilität* verantwortlich sein. Dabei liefert die Rundung $\hat{z} = \mathrm{fl}(g(x))$ in f_* als Beitrag

- zum Vorwärtsfehler

$$[\![f_*(x) - f(x)]\!] = O(\kappa(h; g(x))\,\epsilon_{\mathrm{mach}}),$$

- zum Rückwärtsfehler (bei *invertierbarem* g)

$$[\![x_* - x]\!] = O(\kappa(g^{-1}; g(x))\,\epsilon_{\mathrm{mach}})$$

mit der *Datenrekonstruktion* $x_* = g^{-1}(\hat{z})$ aus dem Zwischenergebnis $\hat{z}$.

Vorwärts- (V) und Rückwärtsanalyse (R) liefern so unmittelbar die folgenden:

Instabilitätskriterien. *Wichtige Indikatoren für die Instabilität eines Algorithmus mit der Abschnittsunterteilung $f = h \circ g$ sind*[42]

(V) *ein schlecht konditionierter Endabschnitt h mit $\kappa(h; g(x)) \gg \kappa(f; x)$;*

(R) *ein invers schlecht konditionierter Startabschnitt g mit $\kappa(g^{-1}; g(x)) \gg 1$.*

Bemerkung. Der *Nachweis* der Instabilität erfolgt immer über konkrete Zahlenbeispiele.

Aufgabe. Zeige: Für *skalare* Start- und Endabschnitte g bzw. h sind die Kriterien (V) und (R) bzgl. des komponentenweisen relativen Fehlermaßes sogar *äquivalent*; dann gilt nämlich

$$\kappa(g^{-1}; g(x)) = \frac{\kappa(h; g(x))}{\kappa(f; x)}. \tag{13.1}$$

13.9 Ein Algorithmus $\hat{f}$ auf Basis der Zerlegung

$$f = f_s \circ \cdots \circ f_2 \circ f_1$$

führt nach Definition der Kondition sofort auf die multiplikative Abschätzung

$$\kappa(f; x) \leqslant \kappa(f_s; f_{s-1}(\cdots)) \cdots \kappa(f_2; f_1(x)) \cdot \kappa(f_1; x);$$

was in der Regel eine *maßlose Überschätzung* ist, da Konditionen den Worst Case der Fehlerverstärkung beschreiben und kritische Fälle der einzelnen Schritte nicht aufeinander abgestimmt zu sein brauchen. Die Abschätzung taugt dann weder zur Beurteilung der Kondition des Problems f noch zu jener der Stabilität des Algorithmus $\hat{f}$. Eine *Ausnahme* liegt aber offensichtlich vor, wenn *alles* gutartig ist:

---

[42]Für $a, b > 0$ bedeutet $a \gg b$ das Gleiche wie $a/b \gg 1$. Dabei nehmen wir konsequent ein und dieselbe „Schmerzschwelle" für die Interpretation von „sehr groß".

Stabilitätskriterium (für „kurze" Algorithmen). *Gilt gleichzeitig*

(1) *alle $\hat{f}_j$ stabil realisiert,*

(2) *alle f_j gut konditioniert,*

(3) *Schrittanzahl s klein,*

so ist $\hat{f} = \hat{f}_s \circ \cdots \circ \hat{f}_1$ ein stabiler Algorithmus und f ein gut konditioniertes Problem.

Beispiel. Die Bedingungen (1) und (2) sind für das komp. rel. Fehlermaß erfüllt, wenn die f_j allein aus den *gutartigen* Operationen des Standardmodells bestehen, also *keine* echten Subtraktionen[43] enthält. Steht

$$s = s_{\text{add}} + s_{\text{sub}} + s_{\text{mult}} + s_{\text{div}} + s_{\text{quad}}$$

für die Zerlegung in die Anzahl *echter* Additionen, *echter* Subtraktionen, Multiplikationen, Divisionen und Quadratwurzeln, so gilt nach §11.6 folgende Konditionsabschätzung[44] für das Problem f:

$$s_{\text{sub}} = 0 \quad \Rightarrow \quad \kappa(f; x) \leqslant 2^{s_{\text{mult}} + s_{\text{div}}}. \tag{13.2}$$

Problematisch sind echte Subtraktionen im *auslöschungsbehafteten* Fall; sie sind entweder zu *vermeiden* oder mit einer genaueren Analyse zu *rechtfertigen*.

Aufgabe. Vergleiche (13.2) mit (11.3) für $x'y$, wenn $x, y \in \mathbb{R}^m$ positive Komponenten haben.

14 Beispielanalysen

In diesem Abschnitt benutzen wir durchgehend das komponentenweise relative Fehlermaß.

Analyse 1: Quadratische Gleichung

14.1 In der Schule lernt man für die quadratische Gleichung $x^2 - 2px - q = 0$ die Lösungsformel (= Algorithmus)

$$x_0 = p - \sqrt{p^2 + q}, \qquad x_1 = p + \sqrt{p^2 + q}.$$

Zur Vermeidung von Fallunterscheidungen beschränken wir uns hier auf $p, q > 0$. Die Analyse lässt sich durch „scharfes Hinsehen" ausführen:

---

[43]Wir bezeichnen $\xi \pm \eta$ für $|\xi \pm \eta| = |\xi| + |\eta|$ als echte Addition, sonst als echte Subtraktion.

[44]Für Quadratwurzeln müssen wir $\kappa = 1$ statt $\kappa = 1/2$ ansetzen, da bei ihrer Ausführung in der Regel Daten und Zwischenergebnisse für die folgenden Schritte des Algorithmus *gespeichert* bleiben.

- Die Formel für x_1 ist nach dem Stabilitätkriterium kurzer Algorithmen *stabil*; nebenbei liefert (13.2) den Nachweis einer *guten* Kondition $\kappa(x_1; p, q) \leqslant 2$.

- Die Formel für x_0 besitzt die Abschnittsunterteilung

$$f : (p, q) \overset{g}{\longmapsto} \left(p, \sqrt{p^2 + q} \right) = (p, r) \overset{h}{\longmapsto} p - r = x_0.$$

Für $q \ll p^2$ ist die Subtraktion im Endabschnitt h *auslöschungsbehaftet* und daher *schlecht* konditioniert (vgl. §11.6): Nach dem Kriterium (V) der Vorwärtsanalyse ist die Formel also vermutlich *instabil* (genaueres kann aber erst eine Konditionsanalyse von $f : (p, q) \mapsto x_0$ ergeben).

Beispiel. Ein Zahlenbeispiel in MATLAB (= doppelt genau) illustriert das Ganze:

```
1  >> p = 400000; q=1.234567890123456;
2  >> r = sqrt(p^2+q); x0 = p - r
3  x0 =
4       -1.543201506137848e-06
```

Es werden dabei $11 = 6 + 5$ Dezimalen ausgelöscht, so dass im Ergebnis x0 *höchstens* etwa $5 = 16 - 11$ Dezimalen korrekt sein dürften.[45] Wir müssen allerdings noch klären, ob dies wirklich nur am Algorithmus und nicht auch an einer schlechten Kondition von $f : (p, q) \mapsto x_0$ liegt.

- Der inverse Startabschnitt $g^{-1} : (p, r) \mapsto (p, q)$ ist für $q \ll p^2$ ebenfalls *auslöschungsbehaftet*, speziell nämlich die Rekonstruktion des Koeffizienten

$$q = r^2 - p^2;$$

durch g geht jede genauere Information über q *verloren*.[46] Die Formel für x_0 ist also nach dem Kriterium (R) der Rückwärtsanalyse vermutlich *instabil*.

Beispiel. In dem Zahlenbeispiel erwarten wir für die Rekonstruktion von q einen Verlust (= Rückwärtsfehler) von $11 = 2 \cdot 6 - 1$ Dezimalen, d.h. wieder nur etwa $5 = 16 - 11$ korrekte Dezimalen (was im Vergleich mit q tatsächlich der Fall ist):

```
5  >> r^2-p^2
6  ans =
7       1.234558105468750e+00
```

Da Vorwärts- und Rückwärtsfehler in der gleichen Größenordnung (Verlust von 11 Dezimalen) liegen, dürfte auch die Abbildung $f : (p, q) \mapsto x_0$ gut konditioniert sein.

---

[45] Die weiteren 11 Dezimalen an „numerischem Müll" entstehen durch Umwandlung von x0 aus einer Binärzahl; in dieser finden sich im hinteren Teil der Mantisse nämlich wirklich die „nachgeschobenen" Nullen (hier konkret 38 Bits): Der MATLAB-Befehl `num2hex(x0)` liefert beb9e40000000000.

[46] Da dieser *Informationsverlust* in q die Stabilität der Formel für x_1 *nicht* betrifft, muss x_1 für $q \ll p^2$ bzgl. einer Störung von q recht *insensitiv* sein: In der Tat ist $\kappa(x_1; q) = (1 - p/\sqrt{p^2 + q})/2 \ll 1$.

14.2 Ein *stabiler* Algorithmus für x_0 muss also (a) am Ende ohne Subtraktion auskommen und (b) die Information im Koeffizienten q sehr viel *unmittelbarer* verwenden. Die Faktorisierung $x^2 - 2px - q = (x - x_0)(x - x_1)$ liefert schließlich eine weitere Formel für x_0, die beides leistet (auch *Satz von Vieta* genannt):

$$x_0 = -q/x_1, \qquad x_1 = p + \sqrt{p^2 + q}.$$

Sie ist – wie diejenige für x_1 – nach dem Stabilitätkriterium kurzer Algorithmen stabil; (13.2) zeigt jetzt auch für $(p, q) \mapsto x_0$ eine *gute* Kondition $\kappa(x_0; p, q) \leqslant 4$.

Beispiel. In dem Zahlenbeispiel sieht das Ganze so aus:

```
 8  >> x1 = p + r;
 9  >> x0 = -q/x1
10  x0 =
11        -1.543209862651343e-06
```

Hier sollten (wegen der Stabilität der Formel *und* der sehr guten Kondition des Problems) so gut wie alle 16 gezeigten Dezimalen korrekt sein (sie sind es alle); der Vergleich mit dem Ergebnis der „Schulformel" für x_0 in §14.1 belegt nun auch, dass dort in der Tat wie vorhergesagt nur etwa 5 Ziffern korrekt sind:

Die „Schulformel" für x_0 ist im Auslöschungsfall $q \ll p^2$ definitiv *instabil*.

Bemerkung. Eine detaillierte Konditionsanalyse der beiden Lösungsabbildungen $(p, q) \mapsto x_0$ und $(p, q) \mapsto x_1$ ist eigentlich gar nicht mehr nötig. Die Konditionsformel (11.1) liefert

$$\kappa(x_0; p, q) = \frac{1}{2} + \frac{3p}{2\sqrt{p^2 + q}} \leqslant 2, \qquad \kappa(x_1; p, q) = \frac{1}{2} + \frac{p}{2\sqrt{p^2 + q}} \leqslant 1;$$

das „scharfe Hinsehen" hat die oberen Schranken nur je um einen Faktor 2 überschätzt.

Aufgabe. Diskutiere für $q < 0$ und $p \in \mathbb{R}$ den Auslöschungsfall $0 < p^2 + q \ll p^2 + |q|$.

Analyse 2: Auswertung von $\log(1 + x)$

14.3 Weg von der Singularität $x = -1$ ist $f(x) = \log(1 + x)$ *gut* konditioniert:

$$\kappa(f; x) = \frac{|f'(x)|\,|x|}{|f(x)|} = \frac{x}{(1 + x)\log(1 + x)} \leqslant 2 \qquad (x \geqslant -0.7).$$

Nehmen wir den Ausdruck $\log(1 + x)$ selbst direkt als *Algorithmus*, zerlegen also

$$f : x \xmapsto{\ g\ } 1 + x = w \xmapsto{\ h\ } \log w,$$

so riskieren wir für $x \approx 0$ nach beiden[47] Kriterien (V) und (R) eine *Instabilität*:

---
[47]vgl. auch (13.1)

(V) In der Nähe der *Nullstelle* $w = 1$ ist $h(w) = \log(w)$ *schlecht* konditioniert.[48]

(R) Für $w \approx 1$ ist $g^{-1}(w) = w - 1$ auslöschungsbehaftet, also *schlecht* konditioniert (die genaue Information über x geht in $w = 1 + x$ nämlich verloren).

Beispiel. Ein Zahlenbeispiel belegt die *Instabilität*:

```
1  >> x = 1.234567890123456e-10;
2  >> w = 1+x;  f = log(w)
3  f =
4         1.23456800330697e-10
5  >> w-1
6  ans =
7         1.23456800338317e-10
```

In $w - 1$ wurden $10 = 1 + 9$ Ziffern ausgelöscht, so dass nur noch $6 = 16 - 10$ Dezimalen korrekt sind (Rückwärtsfehler). Wegen $\kappa(f; x) \approx 1$ dürften auch im Ergebnis für f nur etwa 6 Dezimalen korrekt sein (Vorwärtsfehler).

14.4 Ein *stabiler* Algorithmus für f muss also (a) das Zwischenergebnis w gut konditioniert weiterverarbeiten und (b) die Information in x viel *unmittelbarer* nutzen. So wurde Velvel Kahan auf folgende, scheinbar „perverse" Idee geführt:

$$ w = 1 + x, \qquad f(x) = \begin{cases} \dfrac{\log w}{w - 1} \cdot x & w \neq 1, \\[2mm] x & w = 1. \end{cases} $$

Der „Witz" hierbei ist, dass der Abschnitt $\phi : w \mapsto \log(w)/(w - 1)$ tatsächlich durchgängig *gut* konditioniert ist (und die 1 am Computer *ungestört* bleibt):

$$ \kappa(\phi; w) = \frac{|\phi'(w)|\,|w|}{|\phi(w)|} \equiv \frac{1 - w + w \log w}{(w - 1) \log w} \leqslant 1 \qquad (w > 0). $$

Die Auslöschung bei $w - 1$ im Nenner von ϕ lässt sich also durch die vollständig *korrelierte* Ungenauigkeit von $\log w$ im Zähler „wegkürzen":

> *In einem Algorithmus sind ungenaue Zwischenergebnisse immer dann zulässig, wenn sich ihre Fehler im weiteren Verlauf wieder kompensieren.*

Nach dem Stabilitätskriterium kurzer Algorithmen ist die Kahan'sche Idee *stabil*.[49]

Beispiel. Im Zahlenbeispiel sieht das Ganze jetzt so aus:

```
8  >> f = log(w)/(w-1)*x
9  f =
10        1.23456789004725e-10
```

---

[48] relative Fehler!
[49] Sofern auch $\log w$ stabil berechnet wird.

Hier sollten (wegen der Stabilität des Algorithmus von Kahan *und* der sehr guten Kondition des Problems) so gut wie alle 16 gezeigten Dezimalen korrekt sein (sie sind es alle); der Vergleich mit dem Ergebnis des „naiven" Ausdrucks in §14.3 zeigt, dass dort wie vorhergesagt nur etwa 6 Ziffern korrekt sind.[50]

Bemerkung. Der Kahan'sche Algorithmus ist ein „dramatisches" Beispiel dafür, dass das Assoziativgesetz in der Maschinenarithmetik ungültig ist: $(1 \mathbin{\widehat{+}} x) \mathbin{\widehat{-}} 1 \neq x$ für $0 \approx x \in \mathbb{F}$. Es wäre deshalb ein schwerwiegender *Kunstfehler*, einen Programmtext wie

```
log(1+x)*x/((1+x)-1)
```

zu `log(1+x)` zu „vereinfachen". Leider gibt es Programmiersprachen (z.B. Java), die solchen Unfug als „Leistungsmerkmal" anbieten; Kahan hat jahrelang dagegen gekämpft.[51]

Analyse 3: Stichprobenvarianz

14.5 Die deskriptive Statistik kennt zwei konkurrierende Formeln (= Algorithmen) für die Stichprobenvarianz S^2 eines reellen Datensatzes $x = (x_1, \ldots, x_m)' \in \mathbb{R}^m$:

$$S^2 \stackrel{\text{(A)}}{=} \frac{1}{m-1} \sum_{j=1}^{m} (x_j - \bar{x})^2 \stackrel{\text{(B)}}{=} \frac{1}{m-1} \left(\sum_{j=1}^{m} x_j^2 - \frac{1}{m} \left(\sum_{j=1}^{m} x_j \right)^2 \right), \qquad \bar{x} = \frac{1}{m} \sum_{j=1}^{m} x_j.$$

Die Formel (A) benötigt *zwei* Durchläufe durch die Daten: zunächst einen, um den Mittelwert $\bar{x}$ zu berechnen, und dann einen weiteren, um die Summe $\sum_j (x_j - \bar{x})^2$ zu akkumulieren. Soll die Stichprobenvarianz berechnet werden, *während* laufend neue Daten erzeugt werden, so wird in vielen Statistik-Lehrbüchern vorgeschlagen, stattdessen die alternative Formel (B) zu verwenden („Verschiebungssatz"): Hier genügt *ein* Durchlauf, in dem die Summen $\sum_j x_j$ und $\sum_j x_j^2$ akkumuliert werden.

Leider ist die Formel (B) numerisch *instabil*, die Formel (A) hingegen *stabil*:[52]

- In (B) findet sich (abgesehen von der gut konditionierten *und* stabilen, also harmlosen Division durch $m - 1$) eine Subtraktion im *Endabschnitt*; sie ist im Auslöschungsfall, also im Fall relativ kleiner Varianzen

$$S^2 \ll \bar{x}^2,$$

schlecht konditioniert: (B) ist nach dem Kriterium (V) voraussichtlich *instabil*.

Beispiel. Für den *Nachweis* der Instabilität lassen sich leicht Zahlenbeispiele finden, für die (B) in Maschinenarithmetik völlig widersinnig ein *negatives* Resultat abliefert:

```
1 >> x = [10000000.0; 10000000.1; 10000000.2]; m = length(x);
2 >> S2 = (sum(x.^2)-sum(x)^2/m)/(m-1)
3 S2 =
4      -3.125000000000000e-02
```

---

[50]MATLAB liefert den Kahan'schen Algorithmus für $\log(1 + x)$ über den Befehl `log1p(x)`.

[51]W. Kahan, J. D. Darcy: *How Java's Floating-Point Hurts Everyone Everywhere*, UC Berkeley, 1998–2004.

[52]Für einen stabilen *Single-pass*-Algorithmus siehe T. F. Chan, G. H. Golub, R. J. LeVeque: *Algorithms for computing the sample-variance: analysis and recommendations*. Amer. Statist. 37, 242–247, 1983.

Die Auslöschung von $17 = 2 \cdot 8 + 1 > 16$ Dezimalziffern erklärt den „Totalschaden".

- In (A) befinden sich die (echten) Subtraktionen hingegen im *Startabschnitt*

$$g : (x_1, \ldots, x_m) \mapsto (x_1 - \bar{x}, \ldots, x_m - \bar{x}) = (\delta_1, \ldots, \delta_m).$$

Da es für das Kriterium (R) nur auf die Rekonstruktion der Daten mittels

$$g^{-1} : (\delta_1, \ldots, \delta_m) \mapsto (\delta_1 + \bar{x}, \ldots, \delta_m + \bar{x})$$

ankommt, die für kleine Fluktuationen $|\delta_j| = |x_j - \bar{x}| \ll |\bar{x}|$ *gut* konditioniert ist, geht vom Startabschnitt *keine* Gefahr aus. Der Endabschnitt

$$h : (\delta_1, \ldots, \delta_m) \mapsto \sum_{j=1}^{m} \delta_j^2$$

ist als gut konditionierte und rückwärtsstabil realisierbare Summe über m nichtnegative Terme unproblematisch: Tatsächlich ist (A) numerisch *stabil*.

Beispiel. Im Zahlenbeispiel sieht das Ganze so aus:

```
5  >> xbar = mean(x);
6  >> S2 = sum((x-xbar).^2)/(m-1)
7  S2 =
8      9.999999925494194e-03
```

Eine kurze Kopfrechnung liefert $S^2 = 0.01$, wenn wir den Datensatz x als *exakte* Dezimalbrüche auffassen. Die Abweichung um 8 Dezimalen im stabil berechneten Ergebnis muss also einer *schlechten* Kondition $\kappa(S^2; x) \gtrsim 10^8$ geschuldet sein.

Ohne Kenntnis eines „exakten" Resultats (das wir natürlich nie kennen, wenn wir *ernsthaft* rechnen), verlangt die Beurteilung der *Genauigkeit* eines *stabil* berechneten Ergebnisses eine zumindest ungefähre Abschätzung der Kondition des Problems.

14.6 Die komponentenweise relative Kondition κ der Stichprobenvarianz S^2 bzgl. des Datensatzes $x \in \mathbb{R}^m$ berechnet sich aus der Formel (11.1) unmittelbar zu[53]

$$\kappa(S^2; x) = \frac{2}{(m-1)S^2} \sum_{j=1}^{m} |x_j - \bar{x}| \, |x_j| \leqslant \frac{2\|x\|_2}{S\sqrt{m-1}}.$$

Beispiel. Für das Zahlenbeispiel bekommen wir so die *Bestätigung*, dass $\kappa \approx 2 \cdot 10^8$:

```
9   >> kappa = 2*abs((x-xbar))'*abs(x)/S2/(m-1)
10  kappa =
11      2.0000e+08
```

Ein Verlust von etwa 8 Dezimalen ist hier also *unvermeidbar*.

Bemerkung. Bei Konditionsberechnungen kommt es immer nur auf die *Größenordnung* an.

---

[53]Die obere Abschätzung folgt mit Cauchy–Schwarz'scher Ungleichung (T. F. Chan, J. G. Lewis 1978).

15 Analyse linearer Gleichungssysteme

Hier ist durchgehend $A \in \mathrm{GL}(m; \mathbb{K})$ und $b \in \mathbb{K}^m$ und alle Fehlermaße sind normweise relativ.

Beurteilung *a posteriori* von Näherungslösungen

15.1 Wir wollen den Fehler einer abgelieferten Näherungslösung $\tilde{x} \in \mathbb{K}^m$ des linearen Gleichungssystems $Ax = b$ beurteilen (gut/schlecht?):

- Der *Vorwärtsfehler* $\|\tilde{x} - x\| / \|x\|$ kann ohne Kenntnis von x nur *abgeschätzt* werden; eine Beurteilung muss im Vergleich zur Kondition $\kappa(A)$ erfolgen.

- Der *Rückwärtsfehler* ist die kleinste Störung von A, die $\tilde{x}$ *exakt* werden lässt:

$$\omega(\tilde{x}) = \min \left\{ \frac{\|E\|}{\|A\|} : (A + E)\tilde{x} = b \right\};$$

  er lässt sich direkt im Vergleich mit der Genauigkeit der *Daten* beurteilen.

15.2 Der Rückwärtsfehler lässt sich tatsächlich sogar *explizit* ausrechnen:

Satz (Rigal-Gaches 1967). *Der Rückwärtsfehler $\omega(\tilde{x})$ ist für $\tilde{x} \neq 0$*

$$\omega(\tilde{x}) = \frac{\|r\|}{\|A\| \, \|\tilde{x}\|}, \qquad r = b - A\tilde{x}. \tag{15.1}$$

Dabei heißt r Residuum der Näherungslösung $\tilde{x}$ von $Ax = b$.

Beweis.[54] Aus $(A + E)\tilde{x} = b$, also $E\tilde{x} = r$, folgt

$$\|r\| \leqslant \|E\| \|\tilde{x}\|, \qquad \frac{\|r\|}{\|A\| \, \|\tilde{x}\|} \leqslant \frac{\|E\|}{\|A\|}.$$

Wir müssen noch ein E speziell so konstruieren, dass in diesen Abschätzungen *Gleichheit* gilt (der Einfachheit halber beschränken wir uns auf die $\|\cdot\|_2$-Norm):

$$E = \frac{r\tilde{x}'}{\tilde{x}'\tilde{x}} \quad \text{mit} \quad \|E\|_2 = \frac{\|r\|_2 \|\tilde{x}\|_2}{\|\tilde{x}\|_2^2}$$

erfüllt $E\tilde{x} = r$ und $\|r\|_2 = \|E\|_2 \|\tilde{x}\|_2$. $\qquad\square$

Bemerkung. Ein Zahlenbeispiel für (15.1) und (15.3) findet sich in §§15.10 und 15.13.

Aufgabe. Bei *komponentenweiser* Analyse ist der Rückwärtsfehler entsprechend definiert als

$$\omega_\bullet(\tilde{x}) = \min\{\epsilon : (A + E)\tilde{x} = b, |E| \leqslant \epsilon |A|\}.$$

Beweise den Satz von Oettli-Prager (1964) (beachte die Konvention aus Fußnote 31):

$$\omega_\bullet(\tilde{x}) = \max_{j=1:m} \frac{|r_j|}{(|A| \cdot |\tilde{x}|)_j}, \qquad r = b - A\tilde{x}. \tag{15.2}$$

Vergleiche $\omega_\bullet(\tilde{x})$ mit dem normweisen Rückwärtsfehler $\omega(\tilde{x})$ (bzgl. der ∞-Norm).

[54]Beachte die Analogie zum Beweis von Satz 11.9.

15.3 Aus $x - \tilde{x} = A^{-1}r$ und dem Ausdruck (15.1) für den Rückwärtsfehler $\omega(\tilde{x})$ folgt sofort die *Vorwärtsfehlerabschätzung* – vgl. mit (11.5):

$$\frac{\|x - \tilde{x}\|}{\|\tilde{x}\|} \leqslant \frac{\|A^{-1}\|\,\|r\|}{\|\tilde{x}\|} = \kappa(A) \cdot \omega(\tilde{x}). \tag{15.3}$$

In Übereinstimmung mit §11.10 heißt A *numerisch singulär*, falls $\kappa(A) \gtrsim \epsilon_{\text{mach}}^{-1}$.

Bemerkung. Da eine *Berechnung* von $\kappa(A) = \|A^{-1}\| \cdot \|A\|$ meist viel zu aufwendig wäre und es bei Abschätzungen wie (15.3) ohnehin nur auf die *Größenordnung* ankommt, arbeitet man in der Praxis mit sehr viel „preiswerteren" *Schätzungen* von $\kappa(A)$; z.B. in MATLAB:[55]

```
1  condest(A)    % Schätzung von κ₁(A)
2  condest(A')   % Schätzung von κ∞(A), vgl. (C.3)
```

Aufgabe. Zeige mit dem Satzes von Oettli–Prager und der Skeel–Bauer-Kondition die alternative Vorwärtsfehlerabschätzung

$$\frac{\|x - \tilde{x}\|_\infty}{\|\tilde{x}\|_\infty} \leqslant \text{cond}(A, \tilde{x}) \cdot \omega_\bullet(\tilde{x}).$$

Begründe, warum diese Abschätzung für eine komponentenweise rückwärtsstabil berechnete Lösung $\tilde{x}$ schärfer als (15.3) ist.

Stabilitätsanalyse *a priori* der Lösung durch Matrixfaktorisierung

15.4 In Kapitel II haben wir lineare Gleichungssysteme $Ax = b$ mittels geeigneter Faktorisierungen $A = MN$ gelöst (wobei die rechte Seite b *fest* gewählt sei):

$$f : A \overset{g}{\longmapsto} (M, N) \overset{h}{\longmapsto} x$$

Dabei ist der Startabschnitt g gerade der Faktorisierungsschritt, also

- Dreieckszerlegung $P'A = LR$ mit Spaltenpivotisierung: $M = PL$, $N = R$;
- Cholesky-Zerlegung $A = LL'$ (A s.p.d.): $M = L$, $N = L'$;
- QR-Zerlegung $A = QR$: $M = Q$, $N = R$.

Der Endabschnitt h beinhaltet die Berechnung von x anhand der Faktorisierung, algorithmisch *rückwärtsstabil* realisiert durch Vorwärts- und Rückwärtssubstitution bzw. Multiplikation mit Q': Für derartige *Faktoren* $F \in \mathbb{F}^{m \times m}$ (also Dreiecksmatrizen bzw. unitäre Matrizen) wird als Lösung des Systems $Fu = v \in \mathbb{F}^m$ nämlich ein Ergebnis $\hat{u} \in \mathbb{F}^m$ berechnet, für das

$$(F + \Delta F)\hat{u} = v, \qquad \|\Delta F\| = O(\epsilon_{\text{mach}})\|F\|.$$

Der Beweis erfolgt völlig analog zur Technik aus §§13.5 und 13.6.

---

[55]N. J. Higham: *Algorithm 674: FORTRAN codes for estimating the one-norm of a real or complex matrix, with applications to condition estimation*, ACM Trans. Math. Software 14, 381–396, 1988.

15.5 Wir müssen also noch den Startabschnitt g besser verstehen. Wegen

$$g^{-1} : (M, N) \mapsto M \cdot N$$

liefert er nach §§13.8 und 11.7 zum *Rückwärtsfehler* in A einen Beitrag der Größe

$$O\left(\frac{\|M\| \cdot \|N\|}{\|A\|} \epsilon_{\text{mach}}\right).$$

Tatsächlich gilt[56] für alle drei Faktorisierungen (für Cholesky muss A s.p.d. sein), dass für Maschinendaten ein Ergebnis $\hat{x} \in \mathbb{F}^m$ von $Ax = b$ berechnet wird mit

$$(A + E)\hat{x} = b, \qquad \|E\| = O(\|M\| \, \|N\| \, \epsilon_{\text{mach}}). \tag{15.4}$$

Der Faktorisierungsalgorithmus zur Lösung von $Ax = b$ ist daher

- im *bösartigen* Fall $\|M\| \cdot \|N\| \gg \|A\|$ in seiner Stabilität *gefährdet*;
- im *gutartigen* Fall $\|M\| \cdot \|N\| \approx \|A\|$ beweisbar *rückwärtsstabil*.

Aufgabe. Formuliere analoge Kriterien für eine komponentenweise Rückwärtsanalyse.

15.6 Für eine *QR*-Zerlegung $A = Q \cdot R$ gilt wegen der unitären Invarianz (C.2)

$$\|Q\|_2 \|R\|_2 = \|R\|_2 = \|QR\|_2 = \|A\|_2;$$

es liegt also der gutartige Fall vor. Mit modifiziertem Gram–Schmidt-, Givens- oder Householder-Verfahren wird das lineare Gleichungssystem $Ax = b$ daher beweisbar *rückwärtsstabil* gelöst.

Aufgabe. Konstruiere eine 2×2-Matrix A und eine rechte Seite b, so dass die numerische Lösung $\tilde{x}$ des linearen Gleichungssystems $Ax = b$ mit der QR-Zerlegung im *komponentenweisen* Sinn *nicht* rückwärtsstabil ist. Wie steht es hingegen mit der Stabilität von $x_0 = A \backslash b$? *Hinweis.* Berechne den komponentenweisen Rückwärtsfehler $\omega_\bullet(\tilde{x})$ mit Hilfe von (15.2).

15.7 Ist A s.p.d., so gilt wegen $A' = A$ und $\lambda_j(A) > 0$ für ihre Spektralnorm

$$\|A\|_2^2 \overset{\text{§C.8}}{=} \max_{j=1:m} \lambda_j(AA') = \max_{j=1:m} \lambda_j(A^2) = \max_{j=1:m} \lambda_j(A)^2 = \left(\max_{j=1:m} \lambda_j(A)\right)^2$$

und für diejenige der Faktoren der Cholesky-Zerlegung $A = LL'$

$$\|L\|_2^2 = \|L'\|_2^2 = \max_{j=1:m} \lambda_j(LL') = \max_{j=1:m} \lambda_j(A).$$

Damit liegt auch hier der gutartige Fall mit

$$\|L\|_2 \|L'\|_2 = \|A\|_2$$

vor, so dass das lineare Gleichungssystem beweisbar *rückwärtsstabil* gelöst wird.

---

[56]Siehe §§9–10 und 19 in N. J. Higham: *Accuracy and Stability of Numerical Algorithms*, 2. Aufl., Society of Industrial and Applied Mathematics, Philadelphia, 2002.

15.8 Das Thema Dreieckszerlegung ist schwieriger zu behandeln. Nehmen wir dazu an, dass die Matrix $A \in \mathrm{GL}(m; \mathbb{K})$ die normierte Dreieckszerlegung $A = LR$ besitzt (i. Allg. legen wir natürlich Spaltenpivotisierung zugrunde und ersetzen dafür A einfach durch $P'A$).

Die nützlichsten Abschätzungen erhält man hier, wenn man die Kondition von $g^{-1} : (L, R) \mapsto L \cdot R$ für *komponentenweise* relative Störungen von L und R betrachtet. Die zugehörige Konditionsabschätzung (11.4) motiviert dann nämlich folgende Verschärfung von (15.4):

Satz (Wilkinson 1961). *Dreieckszerlegung $A = LR$ einer invertierbaren Matrix A liefert eine numerische Lösung $\hat{x}$ von $Ax = b$ mit dem Rückwärtsfehler*

$$(A + E)\hat{x} = b, \qquad \|E\|_\infty = O\left(\||L| \cdot |R|\|_\infty\right) \epsilon_{\mathrm{mach}}.$$

Im gutartigen Fall $\||L| \cdot |R|\|_\infty \approx \|A\|_\infty$ ist die Dreieckszerlegung also rückwärtsstabil, im bösartigen Fall $\||L| \cdot |R|\|_\infty \gg \|A\|_\infty$ erwarten wir hingegen deutliche Stabilitätsprobleme.

Beispiel. Mit diesem Kriterium können wir ein vertieftes Verständnis für die Notwendigkeit der Pivotisierung entwickeln. Wir greifen dazu die in §7.8 illustrierte Instabilität auf. Für

$$A = \begin{pmatrix} \epsilon & 1 \\ 1 & 1 \end{pmatrix} = LR, \quad L = \begin{pmatrix} 1 & 0 \\ \epsilon^{-1} & 1 \end{pmatrix}, \quad R = \begin{pmatrix} \epsilon & 1 \\ 0 & 1 - \epsilon^{-1} \end{pmatrix}, \qquad 0 < \epsilon \ll 1.$$

liegt tatsächlich der *bösartige* Fall einer Dreieckszerlegung vor, denn es gilt

$$\|A\|_\infty = 2 \ll \||L| \cdot |R|\|_\infty = 2\epsilon^{-1}.$$

Werden die beiden Zeilen hingegen vertauscht (Spaltenpivotisierung), so folgt aus

$$P'A = \begin{pmatrix} 1 & 1 \\ \epsilon & 1 \end{pmatrix} = LR, \quad L = \begin{pmatrix} 1 & 0 \\ \epsilon & 1 \end{pmatrix}, \quad R = \begin{pmatrix} 1 & 1 \\ 0 & 1 - \epsilon \end{pmatrix}$$

die Rückwärtsstabilität von $\hat{x}$: Wegen $L, R \geqslant 0$ ist nämlich $\|P'A\|_\infty = \||L| \cdot |R|\|_\infty$.

15.9 Die Stabilität der Dreieckszerlegung $P'A = LR$ mit Spaltenpivotisierung[57] hängt also an dem *Wachstumsfaktor* (eng.: *growth factor*)[58]

$$\gamma(A) = \frac{\||L| \cdot |R|\|_\infty}{\|A\|_\infty} \leqslant \frac{\|L\|_\infty \|R\|_\infty}{\|A\|_\infty} \leqslant \|L\|_\infty \|L^{-1}\|_\infty = \kappa_\infty(L). \qquad (15.5)$$

Dieser lässt sich (für feste Dimension m) unabhängig von A beschränken:

---

[57] siehe Satz 7.11

[58] Die Zeilensummennorm ist *invariant* unter Zeilenpermutationen: $\|P'A\|_\infty = \|A\|_\infty$.

Lemma. *Für eine unipotente untere Dreiecksmatrix $L \in \mathbb{K}^{m \times m}$ mit $|L| \leqslant 1$ gilt*

$$\|L\|_\infty \leqslant m, \qquad \|L^{-1}\|_\infty \leqslant 2^{m-1},$$

und daher $\gamma(A) \leqslant m \cdot 2^{m-1}$ für Dreieckszerlegung mit Spaltenpivotisierung.

Beweis. Nach §5.4 ist $L = (\lambda_{jk})_{jk}$ invertierbar. Wird L^{-1} in Zeilen z_j' partitioniert, so liefert $I = LL^{-1}$ wegen der Unipotenz von L ausmultipliziert die Gleichungen

$$e_j' = \sum_{k=1}^{j} \lambda_{jk} z_k' = z_j' + \sum_{k=1}^{j-1} \lambda_{jk} z_k', \quad \text{bzw.} \quad z_j' = e_j' - \sum_{k=1}^{j-1} \lambda_{jk} z_k' \qquad (j = 1 : m).$$

Hieraus folgt mit $|\lambda_{jk}| \leqslant 1$, $\|e_j'\|_1 = 1$ und der Dreiecksungleichung, dass

$$\|z_j'\|_1 \leqslant 1 + \sum_{k=1}^{j-1} \|z_k'\|_1 \qquad (j = 1 : m).$$

Majorisierung durch $2^{j-1} = 1 + \sum_{k=1}^{j-1} 2^{k-1}$ liefert induktiv $\|z_j'\|_1 \leqslant 2^{j-1}$. Somit gilt nach Definition der *Zeilensummennorm* (§C.8): $\|L^{-1}\|_\infty = \max_{j=1:m} \|z_j'\|_1 \leqslant 2^{m-1}$. Aus $|\lambda_{jk}| \leqslant 1$ folgt direkt, dass $\|L\|_\infty \leqslant m$; womit alles bewiesen ist. $\qquad \square$

Somit ist Dreieckszerlegung mit Spaltenpivotisierung in folgenden Fällen *beweisbar* rückwärtsstabil:

- die Dimension ist klein (sagen wir $1 \leqslant m \leqslant 10$); oder

- der Wachstumsfaktor aus (15.5) erfüllt $\gamma(A) \ggg 1$.

15.10 In „freier Wildbahn" sind sehr große Wachstumsfaktoren $\gamma(A)$ bislang nur *äußerst selten* dokumentiert worden;[59] sie lassen sich jedoch „künstlich" konstruieren: Alle Ungleichungen im Beweis von Lemma 15.9 sind nämlich für die spezielle Dreiecksmatrix

$$L = \begin{pmatrix} 1 & & & & \\ -1 & 1 & & & \\ -1 & -1 & \ddots & & \\ \vdots & \vdots & \ddots & \ddots & \\ -1 & -1 & \cdots & -1 & 1 \end{pmatrix} \in \mathbb{K}^{m \times m}$$

tatsächlich *Gleichheiten*, so dass hierfür die obere Schranke angenommen wird:

$$\|L\|_\infty = m, \qquad \|L^{-1}\|_\infty = 2^{m-1}.$$

---

[59]Man informiere mich bitte, falls ein wirklich praktisch relevantes Beispiel „erlegt" werden sollte.

Dieses L ist L-Faktor der *Wilkinson-Matrix* (wegen $|L| \leqslant 1$ wird *nicht* pivotisiert)

$$A = \begin{pmatrix} 1 & & & & 1 \\ -1 & 1 & & & 1 \\ -1 & -1 & \ddots & & 1 \\ \vdots & \vdots & \ddots & \ddots & \vdots \\ -1 & -1 & \cdots & -1 & 1 \end{pmatrix} = LR, \qquad R = \begin{pmatrix} 1 & & & & 1 \\ & 1 & & & 2 \\ & & \ddots & & \vdots \\ & & & 1 & 2^{m-2} \\ & & & & 2^{m-1} \end{pmatrix},$$

mit einem Wachstumsfaktor, der *exponentiell* in der Dimension m wächst:

$$\gamma(A) = \frac{\||L| \cdot |R|\|_\infty}{\|A\|_\infty} = \frac{m + 2^m - 2}{m} \simeq 2^m / m.$$

Es ist jedoch $\kappa_\infty(A) = m$. Wir erwarten bereits für moderate Dimensionen m deutliche Anzeichen numerischer *Instabilität*.

Beispiel. Ein Zahlenbeispiel der Dimension $m = 25$ belegt eine solche Instabilität:

```
>> m = 25;
>> A = 2*eye(m)-tril(ones(m)); A(:,m)=1; % Wilkinson-Matrix
>> rng(847); b = randn(m,1); % reproduzierbare zufällige rechte Seite
>> [L,R,p] = lu(A,'vector'); % Dreieckszerlegung mit Spaltenpivotisierung
>> x = R\(L\b(p)); % Substitutionen
>> r = b - A*x; % Residuum
>> omega = norm(r,inf)/(norm(A,inf)*norm(x,inf)) % Rückwärtsfehler (15.1)
omega =
   7.7456e-11
```

Der Rückwärtsfehler $\omega(\hat{x})$ ist also um einen Faktor $\approx \gamma(A)/2$ größer als die Maschinengenauigkeit; zum Vergleich eine rückwärtsstabile Rechnung mit QR-Zerlegung:

```
>> [Q,R_qr] = qr(A); % QR-Zerlegung
>> x_qr = R_qr\(Q'*b); % Substitutionen
>> r_qr = b - A*x_qr; % Residuum
>> omega_qr = norm(r_qr,inf)/(norm(A,inf)*norm(x_qr,inf)) % Rück.-Fehler
omega_qr =
   4.9507e-17
```

Da A mit $\kappa_\infty(A) = 25$ gut konditioniert ist, belegt auch die sehr deutliche Abweichung der beiden Ergebnisse die Instabilität der Dreieckszerlegung:

```
>> norm(x-x_qr,inf)/norm(x,inf) % relative Abweichung zum QR-Ergebnis
ans =
   1.0972e-09
```

Diese Genauigkeit passt gut zur Vorwärtsfehlerabschätzung (15.3): $\kappa_\infty(A)\omega(\hat{x}) \approx 2 \cdot 10^{-9}$. (Unsere theoretischen Vorhersagen überschätzen Vorwärts- und Rückwärtsfehler hier nur etwa um einen Faktor 2.)

Nachiteration

15.11 Rein *formal* könnten wir eine numerische Lösung $\hat{x}$ von $Ax = b$ korrigieren, indem wir folgendes lineare Gleichungssystem für ihren Fehler ansetzen:

$$r = b - A\hat{x}, \qquad Aw = r, \qquad x = \hat{x} + w.$$

Da Maschinenarithmetik wiederum nur ein fehlerbehaftetes Ergebnis $\hat{w}$ liefert, wird man diesen Korrekturschritt *iterieren*: Mit $x_0 = \hat{x}$ ist für $k = 0, 1, 2, \ldots$

$$r_k = b - Ax_k, \qquad Aw_k = r_k, \qquad x_{k+1} = x_k + \hat{w}_k.$$

Dabei braucht die Faktorisierung der Matrix A nur *einmal* berechnet zu werden. Statt nach der Konvergenz dieser *Nachiteration* fragt man besser, ob das Kriterium für Rückwärtsstabilität nach n Schritten erreicht wird: $\omega(\hat{x}_n) = O(\epsilon_{\text{mach}})$.

15.12 Dieses Kriterium sollte für *gut konditioniertes* A (so dass also Vorwärts- und Rückwärtsfehler in der gleichen Größenordnung liegen) dann erreichbar sein, wenn mit der festen Faktorisierung beim Lösen all jener Gleichungssysteme stets das erste n-tel der Ziffern korrekt berechnet wird: Da die signifikanten Ziffern von w_k dort beginnen, wo diejenigen von x_k enden, wird so in jedem Korrekturschritt ein weiteres n-tel korrekter Ziffern hinzugefügt: Die erste Korrektur macht das zweite n-tel der Ziffern von x korrekt, die zweite Korrektur das dritte, usw; nach $n - 1$ Korrekturschritten wären damit in etwa alle Ziffern von x korrekt berechnet.

15.13 Nach dieser Vorüberlegung sollte für $\kappa_\infty(A) = O(1)$ und $\gamma(A) = O(\epsilon_{\text{mach}}^{-1/2})$ bereits eine *einzige* Nachiteration zur vollen Genauigkeit ausreichen. Tatsächlich gilt folgender bemerkenswerte Satz:[60]

Satz (Skeel 1980). *Für $\gamma(A)^2\kappa_\infty(A)\epsilon_{\text{mach}} = O(1)$ liefert Dreieckszerlegung mit Spaltenpivotisierung nach spätestens einer einzigen Nachiteration eine rückwärtsstabile Lösung.*[61]

Beispiel. Wir illustrieren diesen Satz anhand des Zahlenbeispiels aus §15.10: Die Voraussetzung ist hier wegen $\gamma(A)^2\kappa_\infty(A)\epsilon_{\text{mach}} \approx 1$ für $m = 25$ erfüllt.

```
19  >> w = R\(L\r(p)); % Korrektur aus abgespeicherter Dreieckszerlegung
20  >> x = x + w; r = b - A*x; % erste Nachiteration und neues Residuum
21  >> omega = norm(r,inf)/(norm(A,inf)*norm(x,inf)) % Rückwärtsstabilität!
22  omega =
23     6.1883e-18
24  >> norm(x-x_qr,inf)/norm(x,inf) % relative Abweichung zum QR-Ergebnis
25  ans =
26     9.2825e-16
```

Zum Vergleich: der *unvermeidbare* Ergebnisfehler liegt hier bei $\kappa_\infty(A) \cdot \epsilon_{\text{mach}} \approx 2 \cdot 10^{-15}$.

Aufgabe. Teste die Grenzen der Nachiteration für noch größere Dimensionen m.

---

[60]Vgl. §E.1; für einen Beweis bei komponentenweisen relativen Fehlern siehe R. D. Skeel: *Iterative refinement implies numerical stability for Gaussian elimination*, Math. Comp. 35, 817–832, 1980.

[61]Damit ist man immer noch einen Faktor 2 billiger als bei *QR*-Zerlegung, vgl. §§7.7 und 9.8.

IV Kleinste Quadrate

16 Normalgleichung

16.1 In den experimentellen Wissenschaften steht man vor der Aufgabe, aus *fehlerbehafteten* Messungen die Parameter $p = (\theta_1, \ldots, \theta_n)'$ eines mathematischen Modells zu schätzen.[62] Gehen die Parameter hier *linear* ein, so liefert ein Experiment eine Beziehung der Form

$$b = Ap + e$$

mit

- $b \in \mathbb{R}^m$ gemessenem *Beobachtungsvektor*;

- $A \in \mathbb{R}^{m \times n}$ gemessener *Designmatrix*;

- $p \in \mathbb{R}^n$ gesuchtem Parametervektor oder *Erklärungsvektor*;

- $e = (\epsilon_1, \ldots, \epsilon_m)'$ Vektor der unzugänglichen, zufälligen *Störungen*.

Die Anzahl m der Messungen ist in der Regel größer als diejenige n der Parameter.

---

[62]Man spricht von *Ausgleichsrechnung* oder von *Regressionsanalyse* der parametrischen Statistik.

© Springer Fachmedien Wiesbaden GmbH, ein Teil von Springer Nature 2018
F. Bornemann, *Numerische lineare Algebra*, Springer Studium Mathematik – Bachelor,
https://doi.org/10.1007/978-3-658-24431-6_4

16.2 Jede Schätzung x des Parametervektors p ersetzt die tatsächliche Störung e durch das *Residuum* r mit

$$b = Ax + r, \qquad r = (\rho_1, \dots, \rho_m).$$

Die *Kleinste-Quadrate-Schätzung* löst dann das Minimierungsproblem

$$\|r\|_2^2 = \sum_{j=1}^m \rho_j^2 = \text{min!};$$

der *Satz von Gauß und Markov* besagt für eine gewisse Statistik der Störungen (zentriert, unkorreliert, gleiche Varianz) ihre Optimalität.[63] Für unterschiedliche Varianzen oder korrelierte Störungen geht man zur gewichteten bzw. verallgemeinerten Methode der kleinsten Quadrate über.

Bemerkung. Die *Methode der kleinsten Quadrate* wurde erstmalig 1805 von Adrien-Marie Legendre in einem Werk zur Bahnberechnung von Kometen publiziert; war wohl aber schon 1801 von Carl Friedrich Gauß bei der Berechnung der Bahn der Ceres benutzt worden. Beide Mathematiker, die sich auch in der Zahlentheorie und beim Studium elliptischer Funktionen ins Gehege kamen, führten jahrzehntelang einen erbitterten Prioritätsstreit.[64]

Aufgabe. Zeige, dass der Kleinste-Quadrate-Schätzer des Parameters θ aus den Messungen

$$\beta_j = \theta + \epsilon_j \quad (j = 1 : m)$$

der Mittelwert $\frac{1}{m} \sum_{j=1}^m \beta_j$ der Beobachtungen ist. Löse sowohl direkt als auch mit (16.1).

16.3 Die Kleinste-Quadrate-Schätzung ist also durch das *lineare Ausgleichsproblem*

$$x = \arg\min_{y \in \mathbb{R}^n} \|b - Ay\|_2, \qquad A \in \mathbb{R}^{m \times n}, \, b \in \mathbb{R}^m,$$

definiert. Äquivalent müssen wir die Funktion

$$F(y) = \tfrac{1}{2} \|b - Ay\|_2^2 = \tfrac{1}{2}(b'b - 2y'A'b + y'A'Ay)$$

minimieren, ihr Gradient ist $\nabla F(y) = -A'b + A'Ay$. Die *notwendige* Optimalitätsbedingung $\nabla F(x) = 0$ ist damit äquivalent zur *Normalgleichung*

$$A'Ax = A'b. \qquad (16.1)$$

Sie besitzt für A mit vollem Spaltenrang (was wir ab jetzt voraussetzen wollen), also für $A'A$ s.p.d. (Lemma 9.1), eine *eindeutige* Lösung $x \in \mathbb{R}^n$, die tatsächlich das eindeutige Minimum von F liefert:

$$F(y) = \tfrac{1}{2}(b'b - 2y'A'Ax + y'A'Ay) = F(x) + \tfrac{1}{2}(y - x)'A'A(y - x) \geqslant F(x)$$

mit Gleichheit genau für $y = x$ (da $A'A$ s.p.d.). Damit ist für $\mathbb{K} = \mathbb{R}$ bewiesen:

---

[63] als *minimalvarianter* linearer erwartungstreuer Schätzer (engl.: BLUE = best linear unbiased estimator)
[64] R. L. Plackett: *Studies in the History of Probability and Statistics. XXIX: The discovery of the method of least squares*, Biometrika 59, 239–251, 1972.

Satz. *Für $A \in \mathbb{K}^{m \times n}$ mit vollem Spaltenrang ist das lineare Ausgleichsproblem*

$$x = \arg\min_{y \in \mathbb{K}^n} \|b - Ay\|_2, \qquad A \in \mathbb{K}^{m \times n}, \ b \in \mathbb{K}^m,$$

äquivalent zur eindeutig lösbaren Normalgleichung $A'Ax = A'b$, wobei $A'A$ s.p.d. ist.

Aufgabe. Zeige: Der Satz ist auch für $\mathbb{K} = \mathbb{C}$ richtig. *Hinweis.* Trenne Real- und Imaginärteile.

Bemerkung. Die Lösungsabbildung $A^\dagger : b \mapsto x = (A'A)^{-1}A'b$ ist damit *linear* in b; die zugehörige Matrix heißt *Pseudoinverse* von A und fällt für $m = n$ mit der Inversen zusammen.

16.4 Die Normalgleichung führen unmittelbar zum Lösungsalgorithmus

$$A \xmapsto[\text{Normalgleichung}]{\text{Aufstellung der}} A'A \xmapsto[\text{Normalgleichung}]{\text{Lösung der}} x \qquad (16.2)$$

für das Ausgleichsproblem (der Vektor b sei fest gewählt); die Normalgleichung selbst wird natürlich mit dem Cholesky-Verfahren aus §8.3 gelöst.[65] Der Aufwand beträgt dann (in führender Ordnung) unter Nutzung der Symmetrie von $A'A$

$$\#\text{flop Matrixprodukt } A'A \ + \ \#\text{flop Cholesky-Zerlegung von } A'A$$

$$\doteq mn^2 + \frac{1}{3}n^3.$$

16.5 Um die Stabilität von (16.2) nach dem Kriterium (V) aus §13.8 zu beurteilen,[66] müssen wir die Kondition $\kappa_2(A'A)$ der Normalgleichung mit derjenigen des Ausgleichsproblems vergleichen. Da für $m = n$ genau wie in §15.7

$$\kappa_2(A) = \sqrt{\kappa_2(A'A)} \qquad (16.3)$$

gezeigt werden kann, machen wir (16.3) im Fall $m > n$ zur *Definition* von $\kappa_2(A)$. Die relative Kondition κ_{LS} des Ausgleichsproblems bzgl. Störungen in A erfüllt[67]

$$\max\left(\kappa_2(A), \omega \cdot \kappa_2(A)^2\right) \leqslant \kappa_{\text{LS}} \leqslant \kappa_2(A) + \omega \cdot \kappa_2(A)^2 \qquad (16.4)$$

mit dem relativen Maß des Residuums (vgl. (15.1))

$$\omega = \frac{\|r\|_2}{\|A\|_2 \|x\|_2}, \qquad r = b - Ax.$$

---

[65]Cholesky hatte sein Verfahren für das System der Normalgleichungen in der Geodäsie entwickelt.

[66]Der Startabschnitt ist hier *nicht* invertierbar, so dass uns das Kriterium (R) versagt bleibt.

[67]Bzgl. Störungen in b gilt hingegen

$$\omega\kappa_2(A) \leqslant \kappa_{\text{LS}} = \kappa_2(A)\|b\|_2/(\|A\|_2\|x\|_2) \leqslant (1+\omega)\kappa_2(A).$$

Siehe P.-Å. Wedin: *Perturbation theory for pseudo-inverses*, BIT 13, 217–232, 1973; A. van der Sluis: *Stability of the solutions of linear least squares problems*, Numer. Math. 23, 241–254, 1975.

Also ist (16.2) voraussichtlich *instabil*, wenn das Residuum r relativ klein ($\omega \ll 1$) und die Matrix A schlecht konditioniert ($\kappa_2(A) \gg 1$) ist: Dann gilt nämlich

$$\kappa_{\mathrm{LS}} \leqslant (\kappa_2(A)^{-1} + \omega)\kappa_2(A)^2 \ll \kappa_2(A)^2 = \kappa_2(A'A).$$

In allen anderen Fällen, d.h. für relativ große Residuen oder gut konditionierte Matrizen, ist die Verwendung der Normalgleichung hingegen numerisch *stabil*.

Beispiel. Die Instabilität des Algorithmus (16.2) lässt sich mit folgendem Fall illustrieren, für den das Residuum verschwindet (P. Läuchli 1961):

$$A = \begin{pmatrix} 1 & 1 \\ \epsilon & 0 \\ 0 & \epsilon \end{pmatrix}, b = \begin{pmatrix} 2 \\ \epsilon \\ \epsilon \end{pmatrix}, x = \begin{pmatrix} 1 \\ 1 \end{pmatrix}; \quad A'A = \begin{pmatrix} 1 + \epsilon^2 & 1 \\ 1 & 1 + \epsilon^2 \end{pmatrix}, \kappa_2(A'A) = \frac{2}{\epsilon^2} + 1.$$

Hier ist $A'A$ für $\epsilon^2 < 2\epsilon_{\mathrm{mach}}$ wegen $1 \hat{+} \epsilon^2 = 1$ sogar numerisch *exakt* singulär (die Information über ϵ geht bei der Aufstellung von $A'A$ komplett verloren; ϵ lässt sich nach dem Startabschnitt nicht mehr rekonstruieren, vgl. das Instabilitätskriterium (R) aus §13.8). Für geringfügig größeres ϵ erhalten wir im Zahlenbeispiel:

```
1  >> e = 1e-7; % ε = 10⁻⁷
2  >> A = [1 1;e 0;0 e]; b = [2;e;e]; % Läuchli-Beispiel
3  >> x = (A'*A)\(A'*b) % Lösung der Normalgleichung
4  x =
5       1.011235955056180e+00
6       9.887640449438204e-01
```

Der Verlust von 14 Dezimalen ist konsistent mit $\kappa_2(A'A) \approx 2 \cdot 10^{14}$; akzeptabel wären wegen der Kondition $\kappa_{LS} = \kappa_2(A) \approx 10^7$ des Problems jedoch allenfalls etwa 7 Dezimalen.

17 Orthogonalisierung

Wir setzen durchgehend voraus, dass $A \in \mathbb{K}^{m \times n}$ vollen Spaltenrang besitzt und daher $m \geqslant n$ gilt.

17.1 Ein stabiler Algorithmus für das Ausgleichsproblem sollte auf A direkt[68] und nicht über den Umweg $A'A$ zugreifen. Mit Hilfe der (normierten) QR-Zerlegung $A = QR$ können wir die Normalgleichung nach Satz 9.3 zunächst auf die Form

$$\underbrace{A'A}_{=R'R} x = \underbrace{A'}_{=R'Q'} b$$

bringen und danach durch Multiplikation mit $(R')^{-1}$ äquivalent reduzieren auf

$$Rx = Q'b. \tag{17.1}$$

---

[68]Eduard Stiefel sprach 1961 vom „Prinzip des direkten Angriffs" in der numerischen Mathematik.

Die *Rückwärtsstabilität* dieses Algorithmus – mit modifiziertem Gram–Schmidt-, Givens- oder Householder-Verfahren für die Berechnung der reduzierten QR-Zerlegung – lässt sich wie in §15.6 anhand der Abschnittszerlegung

$$A \xmapsto[\text{QR-Faktorisierung}]{\text{reduzierte}} (Q, R) \xmapsto[\text{Rückwärtssubstitution}]{\text{Multiplikation mit } Q'} x$$

nachvollziehen: Der inverse Startabschnitt $(Q, R) \mapsto Q \cdot R = A$ ist wegen der Spalten-Orthonormalität von Q nämlich gut konditioniert: $\|Q\|_2 \|R\|_2 = \|A\|_2$.

Aufgabe. Zeige mit der vollen QR-Zerlegung (9.3): $r = b - Ax = (I - Q_1 Q_1')b = Q_2 Q_2' b$. Begründe, warum nur die dritte Formel stabil ist und daher verwendet werden sollte.

17.2 Durch einen einfachen Trick kann auf die explizite Kenntnis des Q-Faktors sogar weitestgehend verzichtet werden: Dazu berechnen wir die normierte QR-Zerlegung der um die Spalte b erweiterten Matrix A, d.h.

$$\left(A \mid b \right) = \left(Q \mid q \right) \cdot \left(\begin{array}{c|c} R & z \\ \hline & \rho \end{array} \right).$$

Ausmultipliziert liefert das neben der normierten QR-Zerlegung $A = Q \cdot R$ noch

$$b = Qz + \rho q.$$

Multiplikation mit Q' ergibt wegen $Q'Q = I$ und $Q'q = 0$ die Beziehung

$$Q'b = z.$$

Damit vereinfacht sich die Bestimmungsgleichung (17.1) zu

$$Rx = z.$$

Weiter folgt aus $q'q = \|q\|_2^2 = 1$, dass das *positive* ρ die Norm des Residuums ist:

$$\rho = \|\rho q\|_2 = \|b - Qz\|_2 = \|b - QRx\|_2 = \|b - Ax\|_2.$$

Zusammengefasst sieht dieser Algorithmus in MATLAB dann wie folgt aus:

Programm 12 (Q-freie Lösung des linearen Ausgleichsproblems).

Beachte, dass MATLAB die QR-Zerlegung *nicht* auf eine positive Diagonale von R normiert.

```
1  R = triu(qr([A b]));           % R-Faktor der um b erweiterten Matrix A
2  x = R(1:n,1:n)\R(1:n,n+1);     % Lösung von Rx = z
3  rho = abs(R(n+1,n+1));         % Norm des Residuums
```

Wie bei linearen Gleichungssystemen lautet die Lösung des Ausgleichsproblems auch kurz:

```
x = A\b;
```

Beispiel. Wir greifen das Zahlenbeispiel aus §16.5 auf:

```
>> x = A\b
x =
    9.999999999999996e-01
    1.000000000000000e+00
```

Trotz der verhältnismäßig großen Kondition $\kappa_{LS} = \kappa_2(A) \approx 10^7$ stimmen fast alle Ziffern; die Maschinenarithmetik „triggert" hier also bei weitem nicht den Worst Case.

Aufgabe. Die Spalten einer Matrix $B \in \mathbb{R}^{m \times n}$ seien eine Basis des n-dimensionalen Unterraums $U \subset \mathbb{R}^m$. Für $x \in \mathbb{R}^m$ bezeichne $d(x, U)$ den Abstand von x zu U.

- Formuliere die Berechnung von $d(x, U)$ als Ausgleichsproblem.
- Schreibe einen MATLAB-Zweizeiler, der $d(x, U)$ aus der Eingabe (B, x) berechnet.

17.3 Der Aufwand für eine solche *Q*-freie Lösung des linearen Ausgleichsproblems beträgt bei Verwendung des Householder-Verfahrens nach §§9.8 und D.5

$$2mn^2 - 2n^3/3 \text{ flop}.$$

Für $m \gg n$ ist das etwa doppelt so teuer wie die Lösung der Normalgleichung mit dem Cholesky-Verfahren, deren Kosten nach §16.4

$$mn^2 + n^3/3 \text{ flop}$$

betragen; für $m \approx n$ sind beide mit etwa $4m^3/3$ flop vergleichbar teuer. Damit haben beide Algorithmen auch ihre Berechtigung: Normalgleichung mit Cholesky sollte für $m \gg n$ mit relativ großem Residuum (im Sinne von $\omega \ll 1$) oder verhältnismäßig gut konditionierter Matrix A verwendet werden, Orthogonalisierung in allen anderen Fällen (vgl. §16.5).

Aufgabe. Gegeben sei eine Matrix $A \in \mathbb{R}^{m \times n}$ mit vollem *Zeilenrang* $m < n$. Betrachte das *unterbestimmte* lineare Gleichungssystem $Ax = b$.

- Zeige: Es gibt eine *eindeutige* Minimallösung x_*, für die gilt

$$x_* = \arg\min\{\|x\|_2 : Ax = b\}.$$

Sie ist durch $x_* = A'w$ charakterisiert, wobei w die Lösung von $AA'w = b$ ist.

- Begründe, warum diese Charakterisierung als Algorithmus potentiell instabil ist. *Hinweis.* Benutze ohne Beweis, dass[69] $\kappa(x_*; A) \leqslant 2\kappa_2(A)$ mit $\kappa_2(A) = \sqrt{\kappa_2(AA')}$.
- Entwickle einen effizienten und stabilen Algorithmus zur Berechnung von x_*.
- Ergänze diesen Algorithmus um die Berechnung von $\ker(A)$.

---

[69]Siehe Theorem 5.6.1 in G. H. Golub, C. F. Van Loan: *Matrix Computations*, 4. Aufl., The Johns Hopkins University Press, Baltimore, 2013.

V Eigenwertprobleme

When I was a graduate student working at Oak Ridge, my office was dubbed the Eigencave.

(Pete Stewart 1998)

Während in der theoretischen Mathematik oft Probleme durch Transformationen vereinfacht werden können, führt die kritiklose Anwendung solcher Methoden in der numerischen Mathematik oft zum Mißerfolg, weil das transformierte Problem weniger numerische Information enthält als das ursprüngliche Problem.

(Eduard Stiefel 1961)

18 Grundbegriffe

18.1 Ein *Eigenpaar* $(\lambda, x) \in \mathbb{C} \times \mathbb{C}^m$ einer Matrix $A \in \mathbb{C}^{m \times m}$, bestehend aus einem *Eigenwert* (EW) λ und einem *Eigenvektor* (EV) x, erfüllt nach Definition

$$Ax = \lambda x, \qquad x \neq 0; \tag{18.1}$$

die Menge der Eigenwerte ist das *Spektrum* $\sigma(A)$ von A. Da die Eigenwertgleichung *homogen* in x ist, betrachten wir meist durch $\|x\|_2 = 1$ *normierte* EV.

18.2 Offenbar ist λ genau dann EW, wenn $\lambda I - A$ singulär ist und daher λ eine Nullstelle des *charakteristischen Polynoms*

$$\chi(\zeta) = \det(\zeta I - A);$$

die Vielfachheit dieser Nullstelle ist die (algebraische) *Vielfachheit* des EW.

Bemerkung. Der *Fundamentalsatz der Algebra* sichert die Existenz von EW λ, zugehörige EV erhält man als Kernvektor von $\lambda I - A$. So wird die Konstruktion in §18.5 „getriggert".

18.3 Der hieraus abgeleitete Algorithmus zur Berechnung der Eigenwerte, bei dem erst die Koeffizienten und dann die Nullstellen von χ bestimmt werden, also

$$A \xmapsto{g} \chi \xmapsto{h} (\lambda_1, \ldots, \lambda_m),$$

ist wegen eines schlecht konditionierten Endabschnitts h jedoch *numerisch instabil*.

© Springer Fachmedien Wiesbaden GmbH, ein Teil von Springer Nature 2018
F. Bornemann, *Numerische lineare Algebra*, Springer Studium Mathematik – Bachelor,
https://doi.org/10.1007/978-3-658-24431-6_5

Beispiel. Die Ausführung für eine Diagonalmatrix mit den Eigenwerten $1, \ldots, 22$ liefert:

```
>> A = diag(1:22); % Diagonalmatrix mit Eigenwerten 1:22
>> chi = charpoly(A); % Koeffizienten des charakteristischen Polynoms
>> lambda = roots(chi); % Nullstellen
>> lambda(7:8)
ans =
               15.4373281959839 +        1.07363608241233i
               15.4373281959839 -        1.07363608241233i
```

Der Vergleich mit dem *nächstgelegenen* EW $\lambda = 15$ liefert einen absoluten Fehler von ≈ 1. Wir werden in §19.4 sehen, dass aufgrund der guten Kondition des Eigenwertproblems hier nur ein absoluter Fehler von $O(\epsilon_{\mathrm{mach}})$ akzeptabel ist.

Aufgabe. Bestimme die Kondition einer einfachen Nullstelle des Polynoms χ in Abhängigkeit seiner Koeffizienten; verwende komponentenweise relativen Fehler in den Koeffizienten und absoluten Fehler in der Nullstelle. Was ist die Kondition für $\lambda = 15$ in obigem Beispiel?

Antwort: $\kappa(\lambda) = \chi^\sharp(|\lambda|)/|\chi'(\lambda)|$, wobei das Polynom $\chi^\sharp$ aus χ durch die Absolutbeträge der Koeffizienten entsteht. Im Beispiel ist $\kappa(15) \approx 6 \cdot 10^{16}$, so dass $\kappa(15) \cdot \epsilon_{\mathrm{mach}} \approx 6$:

```
>> lambda = 15;
>> kappa = polyval(abs(chi),lambda)/abs(polyval(polyder(chi),lambda))
kappa =
   5.7345e+16
```

Bemerkung. In der Numerik rechnet man vielmehr umgekehrt: Die Nullstellen des Polynoms

$$\zeta^m + \alpha_{m-1}\zeta^{m-1} + \cdots + \alpha_1\zeta + \alpha_0$$

sind nämlich die EW der *Begleitmatrix*

$$\begin{pmatrix} 0 & & & & -\alpha_0 \\ 1 & \ddots & & & -\alpha_1 \\ & \ddots & \ddots & & \vdots \\ & & \ddots & 0 & -\alpha_{m-2} \\ & & & 1 & -\alpha_{m-1} \end{pmatrix}.$$

18.4 Kennen wir schon ein Eigenpaar (λ, x), so lässt sich dieses von A „abspalten". Dazu werde der *normierte* EV x zu einer Orthonormalbasis ergänzt, d.h.

$$Q = \left(\, x \mid U \, \right)$$

sei unitär.[70] Dann gilt nämlich

$$Q'AQ = \begin{pmatrix} x' \\ \hline U' \end{pmatrix} \left(\lambda x \mid AU \right) = \left(\begin{array}{c|c} \lambda & x'AU \\ \hline & A_\lambda \end{array} \right), \qquad A_\lambda = U'AU,$$

---

[70]Ein solches Q lässt sich mit der vollen QR-Zerlegung aus Satz 9.10 konstruieren: `[Q,~] = qr(x)`.

so dass wegen (also einer Art impliziter Polynomdivision)

$$\det(\zeta I - A) = (\zeta - \lambda)\det(\zeta I - A_\lambda)$$

die Eigenwerte der *deflationierten* Matrix A_λ die noch fehlenden EW von A liefern. Diese Dimensionsreduktion heißt *Deflation* von A.

Aufgabe. Konstruiere zum Eigenpaar (μ, y) von A_λ ein zugehöriges Eigenpaar (μ, z) von A.

18.5 Wendet man die Deflationstechnik ihrerseits auf die deflationierte Matrix A_λ an und wiederholt das Ganze rekursiv, so erhalten wir zeilenweise – von oben nach unten – die *Schur'sche Normalform* oder *unitäre Trigonalisierung* (für eine spaltenweise Konstruktion siehe §21.8)

$$Q'AQ = T = \begin{pmatrix} \lambda_1 & * & \cdots & * \\ & \ddots & \ddots & \vdots \\ & & \ddots & * \\ & & & \lambda_m \end{pmatrix}, \quad \sigma(A) = \{\lambda_1, \ldots, \lambda_m\}, \quad (18.2)$$

mit einer unitären Matrix Q und einer oberen Dreiecksmatrix T, auf deren Diagonale die EW von A so häufig auftauchen, wie es ihrer Vielfachheit entspricht.

Bemerkung. Die Schur'sche Normalform ist der Jordan'schen Normalform numerisch *ausnahmslos* vorzuziehen (warum?). In den allermeisten Anwendungen lässt sich die in der Jordan'schen Normalform gesuchte Information auch tatsächlich bereits aus der Schur'schen Normalform beziehen.

18.6 Ist A *normal*, d.h. es gilt $A'A = AA'$, so ist wegen $QQ' = I$ auch T normal:

$$T'T = Q'A'QQ'AQ = Q'A'AQ = Q'AA'Q = Q'AQQ'A'Q = TT'.$$

Normale Dreiecksmatrizen sind aber diagonal, wie man induktiv anhand von

$$T = \left(\begin{array}{c|c} \tau & t \\ \hline & * \end{array} \right)$$

sieht: Multipliziert man $T'T = TT'$ nämlich aus, so liefert der erste Eintrag

$$|\tau|^2 = |\tau|^2 + \|t\|_2^2, \quad \text{also} \quad t = 0.$$

Eine normale (und damit erst recht eine selbstadjungierte) Matrix A lässt sich daher *unitär diagonalisieren*: Es gibt ein unitäres Q, so dass

$$Q'AQ = D = \mathrm{diag}(\lambda_1, \ldots, \lambda_m), \quad \sigma(A) = \{\lambda_1, \ldots, \lambda_m\}. \quad (18.3)$$

Umgekehrt sind unitär diagonalisierbare Matrizen klarerweise stets normal.

Bemerkung. Wegen $AQ = QD$ ist jeder Spaltenvektor von Q ein EV von A; zu einer normalen Matrix gehört demnach eine aus EV gebildete Orthonormalbasis.

Aufgabe. Zeige: Für *selbstadjungiertes* A sind die EW *reell*. Für *reell selbstadjungiertes* A lässt sich auch Q *reell* konstruieren.

19 Störungstheorie

Rückwärtsfehler

19.1 Zu A sei ein *gestörtes* Eigenpaar (λ, x), $x \neq 0$, gegeben. Wie bei linearen Gleichungssystemen definieren wir den *Rückwärtsfehler* als die kleinste Störung von A, die dieses Paar zu einem *exakten* Eigenpaar werden lässt:

$$\omega = \min \left\{ \frac{\|E\|_2}{\|A\|_2} : (A + E)x = \lambda x \right\}.$$

Er lässt sich sofort mit Hilfe des Satzes 15.2 von Rigal und Gaches berechnen, indem man dort $b = \lambda x$ setzt:

$$\omega = \frac{\|r\|_2}{\|A\|_2 \|x\|_2}, \qquad r = Ax - \lambda x.$$

Numerische Eigenpaare mit $\omega = O(\epsilon_{\mathrm{mach}})$ sind also *rückwärtsstabil* berechnet.

19.2 Es sei ein approximativer EV $x \neq 0$ gegeben. Welches $\lambda \in \mathbb{C}$ ist hierzu der im Sinne des Rückwärtsfehlers ω *bestmögliche* approximative EW? Da der Nenner des Ausdrucks für ω nicht vom approximativen EW abhängt, reicht es für eine solche Optimierung sogar, das Residuum zu minimieren:

$$\lambda = \arg\min_{\mu \in \mathbb{C}} \|Ax - x \cdot \mu\|_2.$$

Die *Normalgleichung* (vgl. Satz 16.3) zu diesem Ausgleichsproblem liefert (beachte dabei, dass x in diesem Ausgleichsproblem die Rolle der Designmatrix spielt)

$$x'x \cdot \lambda = x'Ax, \quad \text{so dass} \quad \lambda = \frac{x'Ax}{x'x};$$

dieser Ausdruck für das optimale λ heißt *Rayleigh-Quotient* von A in x.

19.3 Es sei ein approximativer EW λ gegeben. Sein *absoluter* Rückwärtsfehler

$$\eta = \min \{ \|E\|_2 : \lambda \in \sigma(A + E) \} = \min \{ \|E\|_2 : \lambda I - (A + E) \text{ ist singulär} \}$$

ist nach dem Kahan'schen Satz 11.9 genau $\eta = \|\lambda I - A\|_2 / \kappa_2(\lambda I - A)$, d.h. es gilt

$$\eta = \mathrm{sep}(\lambda, A) = \begin{cases} \|(\lambda I - A)^{-1}\|_2^{-1}, & \lambda \notin \sigma(A), \\ 0, & \text{sonst;} \end{cases} \tag{19.1}$$

dabei heißt $\mathrm{sep}(\lambda, A)$ die *Separation* zwischen λ und A. Nach §11.2 ist die *absolute* Konditionszahl $\kappa_{\mathrm{abs}}(\lambda)$ eines EW daher gegeben durch

$$\kappa_{\mathrm{abs}}(\lambda) = \limsup_{\tilde{\lambda} \to \lambda} \frac{|\tilde{\lambda} - \lambda|}{\mathrm{sep}(\tilde{\lambda}, A)}, \qquad \lambda \in \sigma(A).$$

Aufgabe. Zeige: Es gilt $\mathrm{sep}(\tilde{\lambda}, A) \leqslant \mathrm{dist}(\tilde{\lambda}, \sigma(A))$ und daher für $\lambda \in \sigma(A)$ stets $\kappa_{\mathrm{abs}}(\lambda) \geqslant 1$.

Kondition des Eigenwertproblems normaler Matrizen

19.4 Im Fall normaler Matrizen ist die Separation der Abstand zum Spektrum:

Satz. *Für normales A gilt* $\operatorname{sep}(\lambda, A) = \operatorname{dist}(\lambda, \sigma(A))$.

Beweis. Aus der unitären Diagonalisierung (18.3) folgt

$$(\lambda I - A)^{-1} = Q(\lambda I - D)^{-1}Q'$$

mit einer aus den Eigenwerten von A gebildeten Diagonalmatrix D und daher

$$\|(\lambda I - A)^{-1}\|_2 = \|\underbrace{(\lambda I - D)^{-1}}_{\text{ist Diagonalmatrix}}\|_2 = \max_{\mu \in \sigma(A)} \frac{1}{|\lambda - \mu|} = \frac{1}{\operatorname{dist}(\lambda, \sigma(A))},$$

wobei wir die unitäre Invarianz der Spektralnorm und §C.11 benutzt haben. $\quad\square$

Aufgabe. Konstruiere ein A mit $0 \in \sigma(A)$, so dass $\operatorname{dist}(\lambda, \sigma(A)) / \operatorname{sep}(\lambda, A) \to \infty$ für $\lambda \to 0$.

Zusammen mit (19.1) zeigt dieser Satz sofort, dass EW normaler Matrizen (im Sinne *absoluter* Fehler) immer gut konditioniert sind:

Korollar (Bauer–Fike 1960). *Es sei A normal. Dann gilt für $\lambda \in \sigma(A + E)$*

$$\operatorname{dist}(\lambda, \sigma(A)) \leqslant \|E\|_2.$$

Die absolute Kondition eines EW $\lambda \in \sigma(A)$ erfüllt für normales A stets $\kappa_{abs}(\lambda) = 1$.

Aufgabe. Zeige für diagonalisierbares $A = XDX^{-1}$, dass $\operatorname{dist}(\lambda, \sigma(A)) \leqslant \kappa_2(X)\|E\|_2$.

19.5 Für *einfache* EW lässt sich die Kondition zugehöriger EV abschätzen; da es dabei nur auf die Richtung der EV ankommt, messen wir Störungen als Winkel:

Satz (Davis–Kahan 1970). *Es sei (λ, x) Eigenpaar der normalen Matrix A, wobei λ als einfacher EW vorausgesetzt sei; ferner sei $(\tilde{\lambda}, \tilde{x})$ ein Eigenpaar von $A + E$. Dann gilt*

$$|\sin \angle(x, \tilde{x})| \leqslant \frac{\|E\|_2}{\operatorname{dist}(\tilde{\lambda}, \sigma(A) \setminus \{\lambda\})}.$$

Für diese Fehlermaße genügt die Kondition der Abschätzung $\kappa \leqslant \operatorname{dist}(\lambda, \sigma(A) \setminus \{\lambda\})^{-1}$; dabei wird dieser Abstand als Spektrallücke von A in λ bezeichnet.

Beweis. O.E. seien x und $\tilde{x}$ normiert. Die Konstruktion aus §18.4 führt auf

$$1 = \|\tilde{x}\|_2^2 = \|Q'\tilde{x}\|_2^2 = \underbrace{|x'\tilde{x}|^2}_{=\cos^2 \angle(x,\tilde{x})} + \|U'\tilde{x}\|_2^2, \quad \text{d.h.} \quad |\sin \angle(x, \tilde{x})| = \|U'\tilde{x}\|_2. \quad (19.2)$$

Aus $U'A = A_\lambda U'$ (wieso?) und $E\tilde{x} = \tilde{\lambda}\tilde{x} - A\tilde{x}$ folgt

$$U'E\tilde{x} = \tilde{\lambda}U'\tilde{x} - U'A\tilde{x} = (\tilde{\lambda}I - A_\lambda)U'\tilde{x}, \quad \text{also} \quad U'\tilde{x} = (\tilde{\lambda}I - A_\lambda)^{-1}U'E\tilde{x},$$

so dass wir wegen $\|U'\|_2 = 1$ und $\|\tilde{x}\|_2 = 1$ die Abschätzung (für allgemeines A)

$$\sin \angle(x, \tilde{x}) \leqslant \|(\tilde{\lambda}I - A_\lambda)^{-1}\|_2 \|E\|_2 = \|E\|_2 / \operatorname{sep}(\tilde{\lambda}, A_\lambda)$$

erhalten. Mit A ist auch A_λ normal (vgl. §18.6) und wegen der Einfachheit von λ gilt $\sigma(A_\lambda) = \sigma(A) \setminus \{\lambda\}$, so dass Satz 19.4 schließlich die Behauptung liefert. $\square$

Bemerkung. Die Bestimmung von EV zu *mehrfachen* EW ist hingegen i. Allg. ein *schlecht gestelltes* Problem: So gehört nämlich *jede* Richtung der Ebene zu einem EV der Einheitsmatrix $I \in \mathbb{C}^{2 \times 2}$ mit dem doppelten EW 1, aber nur die Richtungen der Koordinatenachsen gehören zu den EV der gestörten Matrix $I + E = \operatorname{diag}(1 + \epsilon, 1)$ für beliebig kleines $\epsilon \neq 0$.

Aufgabe. Für $x \neq 0$ sei $P = xx'/(x'x)$ die Orthogonalprojektion auf $\operatorname{span}\{x\}$. Zeige:

$$|\sin \angle(x, \tilde{x})| = \|P(x) - P(\tilde{x})\|_2.$$

19.6 Für *nichtnormales* A ist das Studium der ϵ-*Pseudospektren* (mit kleinem $\epsilon > 0$)

$$\sigma_\epsilon(A) = \{\lambda \in \mathbb{C} : \operatorname{sep}(\lambda, A) \leqslant \epsilon\} \overset{\S 19.3}{=} \{\lambda \in \mathbb{C} : \lambda \in \sigma(A + E) \text{ für ein } \|E\|_2 \leqslant \epsilon\}$$

oft wesentlich aussagekräftiger als nur die Betrachtung von $\sigma(A)$. Dies ist ein sehr aktives Forschungsgebiet mit zahlreichen Anwendung von Zufallsmatrizen über Kartenmischen bis zur Regelung der Flatterinstabilität von Verkehrsflugzeugen.[71]

20 Vektoriteration

20.1 Da das Eigenwertproblem nach §§18.2–18.3 formal äquivalent zur Nullstellenberechnung von Polynomen ist, kann es nach dem Satz von Abel–Ruffini für Dimension $m \geqslant 5$ *keine* „Lösungsformel" in den Operationen $+, -, \cdot, /, \sqrt[n]{\ }$ geben. Stattdessen konstruiert man iterativ Folgen

$$(\mu_0, v_0), (\mu_1, v_1), (\mu_2, v_2), \dots$$

approximativer Eigenpaare und studiert deren Konvergenz.

20.2 In der Praxis wird eine solche Iteration aber spätestens dann abgebrochen, wenn beim Iterationsindex k Rückwärtsstabilität erreicht ist (vgl. §19.1):[72]

$$\omega_k = O(\epsilon_{\text{mach}}), \qquad \omega_k = \frac{\|r_k\|_2}{\|A\|_2 \|v_k\|_2}, \qquad r_k = Av_k - \mu_k v_k.$$

---

[71]Siehe die Monographie von L. N. Trefethen, M. Embree: *Spectra and Pseudospectra. The Behavior of Nonnormal Matrices and Operators*, Princeton University Press, Princeton und Oxford, 2005.

[72]Diese nicht-asymptotische Verwendung der O-Notation erfolgt „par abus de langage" (N. Bourbaki); sie bedeutet hier $\omega_k \leqslant c\epsilon_{\text{mach}}$ mit einer geeignet *gewählten* Konstante c, die wie stets polynomiell von der Dimension m abhängen darf (man stelle sich z.B. die konkrete Wahl $c = 10m$ vor).

Da die Spektralnorm einer Matrix ihrerseits als Eigenwertproblem approximiert werden muss (§C.8), was aufwendig und hier auch zirkulär wäre, ersetzen wir sie durch die Frobeniusnorm und benutzen stattdessen die Abschätzung (§C.9)

$$\tilde{\omega}_k = \frac{\|r_k\|_2}{\|A\|_F \|v_k\|_2}, \qquad \tilde{\omega}_k \leqslant \omega_k \leqslant \sqrt{m} \cdot \tilde{\omega}_k. \tag{20.1}$$

Konkret erfolgt der Abbruch bei einer *Nutzervorgabe* $\tilde{\omega}_k \leqslant$ tol oder man iteriert solange, bis $\tilde{\omega}_k$ auf dem Level $O(\epsilon_{\text{mach}})$ „stagniert" (vgl. Abb. 1).

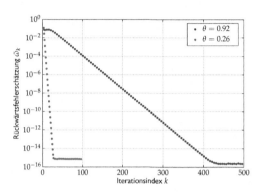

Abbildung 1: Verlauf der Vektoriteration für zwei normale 1000×1000-Matrizen.

20.3 Fasst man (18.1) als eine Fixpunktgleichung für die Richtung des EV x auf, so lautet die mit einem Vektor v_0 gestartete Fixpunktiteration für $k = 1, 2, \dots$:

$$\begin{aligned}
w_k &= A v_{k-1} && \text{(Anwendung der Matrix)} \\
v_k &= w_k / \|w_k\|_2 && \text{(Normierung)} \\
\mu_k &= v_k' \underbrace{A v_k}_{=w_{k+1}} && \text{(Rayleigh-Quotient nach §19.2)}
\end{aligned}$$

Sie heißt in der Literatur *Vektoriteration* oder auch – weil v_k der aus $A^k v_0$ gebildete normierte Vektor ist – *Potenzmethode* (R. von Mises 1929).

Programm 13 (Vektoriteration). Das zugehörige Programm organisiert man nun so, dass wirklich kein Zwischenergebnis unnötigerweise mehrfach berechnet wird.

```
1  normA = norm(A,'fro');      % speichere ‖A‖_F
2  omega = inf;                % initialisiere den Rückwärtsfehler
3  w = A*v;                    % initialisiere w = Av
4  while omega > tol           % Rückwärtsfehler noch zu groß?
5    v = w/norm(w);            % neues v
6    w = A*v;                  % neues w
7    mu = v'*w;                % Rayleigh-Quotient
8    r = w - mu*v;             % Residuum
9    omega = norm(r)/normA;    % Rückwärtsfehlerschätzung ω̃
10 end
```

20.4 Die Vektoriteration konvergiert ganz allgemein gegen einen EV zum *betrags-größten* EW, sofern es nur einen *einzigen* solchen EW gibt. Wir beschränken uns der Einfachheit halber auf normale Matrizen:

Satz. *Für die EW einer normalen Matrix A gelte die Anordnung*

$$|\lambda_1| > |\lambda_2| \geqslant \cdots \geqslant |\lambda_m|, \quad \text{so dass insbesondere} \quad \theta = \left|\frac{\lambda_2}{\lambda_1}\right| < 1.$$

Es sei x_1 ein normierter EV zum EW λ_1. Wenn der Startvektor v_0 die Bedingung[73]

$$\eta_1 = x_1' v_0 \neq 0$$

erfüllt, dann berechnet die Vektoriteration approximative Eigenpaare (μ_k, v_k) mit[74]

$$\sin \measuredangle(v_k, x_1) = O(\theta^k), \quad |\mu_k - \lambda_1| = O(\theta^{2k}) \quad (k \to \infty).$$

Beweis. Wir benutzen die unitäre Diagonalisierung von A aus §18.6 in der Form

$$Q'AQ = \left(\begin{array}{c|c} \lambda_1 & \\ \hline & D \end{array}\right), \quad Q = \left(x_1 \mid U\right), \quad D = U'AU = \text{diag}(\lambda_2, \ldots, \lambda_m).$$

Aus der Diagonalstruktur folgt mit dem Koeffizientenvektor $y = U'v_0$, dass

$$v_0 = \eta_1 x_1 + Uy, \quad A^k v_0 = \eta_1 \lambda_1^k x_1 + UD^k y.$$

Für die Diagonalmatrix D gilt $\|D^k\|_2 = |\lambda_2|^k = |\lambda_1|^k \theta^k$ (vgl. §C.11), mit $\eta_1 \lambda_1^k \neq 0$ erhalten wir daher

$$A^k v_0 = \eta_1 \lambda_1^k (x_1 + O(\theta^k)) \sim \eta_1 \lambda_1^k x_1 \quad (k \to \infty);$$

also wird $A^k v_0$ tatsächlich mit der Rate $O(\theta^k)$ *asymptotisch parallel* zum EV x_1.

Die genauen Abschätzungen für die Abweichungen im Winkel und im EW ergeben sich nun wie folgt: Da sich v_k und $A^k v_0$ nur um eine Normierung unterscheiden, liefert (19.2)

$$|\sin \measuredangle(v_k, x_1)| = \|U'v_k\|_2 = \frac{\|U'A^k v_0\|_2}{\|A^k v_0\|_2} = \frac{\|D^k y\|_2}{\|\eta_1 \lambda_1^k x_1 + UD^k y\|_2}$$

$$\leqslant \frac{\|D^k y\|_2}{|\eta_1| \, |\lambda_1|^k - \|D^k y\|_2} \leqslant \frac{\theta^k \|y\|_2 / |\eta_1|}{1 - \theta^k \|y\|_2 / |\eta_1|} = O(\theta^k),$$

wobei wir $\eta_1 \lambda_1^k \neq 0$ und $\theta^k \|y\|_2 / |\eta_1| < 1$ für hinreichend großes k benutzt haben. Für den approximativen EW μ_k gilt ebenfalls wegen (19.2)

$$\mu_k = v_k' A v_k = \lambda_1 \underbrace{|v_k' x_1|^2}_{=1-\|U'v_k\|_2^2} + v_k' UDU' v_k = \lambda_1 - \lambda_1 \|U'v_k\|_2^2 + v_k' UDU' v_k,$$

---

[73]Diese Bedingung realisiert man am besten durch eine *zufällige* Wahl von v_0.

[74]Wir behaupten *nicht*, dass v_k selbst konvergiert: Es ist i. Allg. $v_k = \sigma_k x_1 + O(\theta^k)$ mit Phasen (Phase = „komplexes Vorzeichen") $|\sigma_k| = 1$, die nicht zu konvergieren brauchen: „Das Vorzeichen springt".

so dass schließlich aus $\|D\|_2 = |\lambda_2|$ die Abschätzung

$$|\mu_k - \lambda_1| \leqslant (|\lambda_1| + |\lambda_2|) \|U'v_k\|_2^2 = (|\lambda_1| + |\lambda_2|) \sin^2 \angle(v_k, x_1) = O(\theta^{2k})$$

folgt und alles bewiesen ist.   □

Aufgabe. Zeige: Die Konvergenzrate des Rückwärtsfehlers von (μ_k, v_k) beträgt $\omega_k = O(\theta^k)$. Erkläre den Konvergenzverlauf in Abb. 1 qualitativ und quantitativ.

Hinweis: Die Schrittanzahl bis zur Rückwärtsstabilität ist etwa $15/|\log_{10}\theta| \approx 50/|\log_2\theta|$.

Bemerkung. Im Fall eines *schlecht konditionierten* EV x_1 muss nach Satz 19.5 $\lambda_1 \approx \lambda_2$ gelten, so dass dann wegen $\theta \approx 1$ auch die Vektoriteration nur sehr langsam konvergiert.

Inverse Vektoriteration

20.5 Wir beobachten, dass

$$(\lambda, x) \text{ Eigenpaar von } A \iff ((\lambda - \mu)^{-1}, x) \text{ Eigenpaar von } (A - \mu I)^{-1}.$$

Mit Hilfe eines *Shifts* μ, der näher am einfachen EW λ als am Rest des Spektrums von A liegt, wird der transformierte EW $(\lambda - \mu)^{-1}$ für $R = (A - \mu I)^{-1}$ betragsmäßig dominant gemacht: Nach Satz 20.4 konvergiert jetzt die Vektoriteration bei der transformierten Matrix R gegen den EV x. Auf diese Weise lässt sich jedes einfache Eigenpaar *selektiv* berechnen.

20.6 Diese Idee führt zur *inversen Vektoriteration mit Shift* μ (H. Wielandt 1944), für $k = 1, 2, \ldots$:

$$
\begin{aligned}
(A - \mu I)w_k &= v_{k-1} && \text{(Lineares Gleichungssystem)} \\
v_k &= w_k / \|w_k\|_2 && \text{(Normierung)} \\
\mu_k &= v_k' A v_k && \text{(Rayleigh-Quotient nach §19.2)}
\end{aligned}
$$

Da sich die Matrix dieser linearen Gleichungssysteme während der Iteration nicht ändert, braucht nur eine *einzige* Matrixfaktorisierung berechnet zu werden (was für große Dimensionen und beschränkte Iterationszahl von enormen Vorteil ist).

20.7 Um die explizite Matrix-Vektor-Multiplikation Av_k bei der Auswertung von Rayleigh-Quotienten $\mu_k = v_k' A v_k$ und Residuum $r_k = Av_k - \mu_k v_k$ zu vermeiden, führt man die Hilfsgrößen

$$z_k = \frac{v_{k-1}}{\|w_k\|_2} = Av_k - \mu v_k = r_k + (\mu_k - \mu)v_k, \quad \rho_k = v_k' z_k = v_k' A v_k - \mu = \mu_k - \mu,$$

ein und erhält so

$$\mu_k = \mu + \rho_k, \qquad r_k = z_k - \rho_k v_k.$$

Damit halbieren sich die Kosten pro Iterationsschritt ($2m^2$ statt $4m^2$ flop).

Programm 14 (Inverse Vektoriteration mit Shift).

```
1  normA = norm(A,'fro');       % speichere ‖A‖_F
2  omega = inf;                 % initialisiere den Rückwärtsfehler
3  [L,R,p] = lu(A - muShift*eye(m),'vector'); % speichere Dreieckszerlegung
4  while omega > tol            % Rückwärtsfehler noch zu groß?
5     w = R\(L\v(p));           % löse lineares Gleichungssystem
6     normW = norm(w);          % ‖w‖_2
7     z = v/normW;              % Hilfsvektor z
8     v = w/normW;              % neues v
9     rho = v'*z;               % Hilfsgröße ρ
10    mu = muShift + rho;       % Rayleigh-Quotient
11    r = z - rho*v;            % Residuum
12    omega = norm(r)/normA;    % Rückwärtsfehlerschätzung ω̂
13 end
```

20.8 Aus Satz 20.4 erhalten wir nun für die inverse Vektoriteration unmittelbar und ohne jedes weitere Zutun das folgende Konvergenzresultat:

Satz. *Für die EW der normalen Matrix A gelte bzgl. des Shifts $\mu \in \mathbb{C}$ die Anordnung*

$$|\lambda_1 - \mu| < |\lambda_2 - \mu| \leqslant \cdots \leqslant |\lambda_m - \mu|, \quad \text{so dass insbesondere} \quad \theta = \left|\frac{\lambda_1 - \mu}{\lambda_2 - \mu}\right| < 1.$$

Es sei x_1 ein normierter EV zum EW λ_1. Erfüllt der Startvektor v_0 die Bedingung

$$\eta_1 = x_1' v_0 \neq 0,$$

so berechnet inverse Vektoriteration zum Shift μ approximative Eigenpaare (μ_k, v_k) mit

$$\sin \sphericalangle(v_k, x_1) = O(\theta^k), \qquad |\mu_k - \lambda_1| = O(\theta^{2k}) \qquad (k \to \infty).$$

Eine fehlgeleitete Kritik: Schlechte Kondition der Iterationsmatrix

Wir setzen hier voraus, dass $A \in \mathbb{C}^{m \times m}$ normal ist.

20.9 Ist der Shift μ sehr nahe am Spektrum von A, so ist das lineare Gleichungssystem der inversen Vektoriteration, also

$$(A - \mu I)w = v, \qquad \|v\|_2 = 1,$$

schlecht konditioniert: In der Tat gilt nach §§19.3–19.4

$$\kappa_2(A - \mu I) = \frac{\|A - \mu I\|_2}{\mathrm{dist}(\mu, \sigma(A))} = \frac{\max_{\lambda \in \sigma(A)} |\lambda - \mu|}{\min_{\lambda \in \sigma(A)} |\lambda - \mu|} \gg 1.$$

Wir berechnen also am Computer ein $\hat{w}$, das w nur sehr *ungenau* approximiert. Bedeutet das vielleicht die numerische *Instabilität* der inversen Vektoriteration?

20.10 Die Antwort lautet „Nein!", da wir gar nicht am Vektor w selbst interessiert sind, sondern nur an seiner *Richtung* (d.h. am normierten Vektor $w/\|w\|_2$).[75] Wird das lineare Gleichungssystem nämlich rückwärtsstabil gelöst, so gilt

$$((A+E)-\mu I)\hat{w}=v, \qquad \|E\|_2=O(\|A\|_2\cdot\epsilon_{\text{mach}}). \tag{20.2}$$

Wäre die Störung E für alle Iterationsschritte gleich (vgl. das Modell in §E.1), so würden wir natürlich sofort die Konvergenz gegen einen Eigenvektor von $A+E$ und damit *Rückwärtsstabilität* erreichen. Mit etwas mehr Aufwand überträgt sich diese Analyse auch auf den Fall, dass E vom Iterationsindex abhängt.

20.11 Im Extremfall berechnen wir mit der inversen Vektoriteration einen EV zu einem rückwärtsstabil approximierten EW μ als Shift. Nach §19.4 gilt dann

$$\text{dist}(\mu,\sigma(A))=O(\|A\|_2\cdot\epsilon_{\text{mach}}),$$

so dass die Iterationsmatrix $A-\mu I$ sogar *numerisch singulär* ist. Ein im Laufe der inversen Vektoriteration gemäß (20.2) berechneter approximativer EV $\hat{w}$ bildet zusammen mit μ ein approximatives Eigenpaar $(\mu,\hat{w})$, für dessen Rückwärtsfehler sich nach §19.1 folgende Abschätzung ergibt:

$$\omega=\frac{\|A\hat{w}-\mu\hat{w}\|_2}{\|A\|_2\|\hat{w}\|_2}=\frac{\|v-E\hat{w}\|_2}{\|A\|_2\|\hat{w}\|_2}\leqslant\frac{1+\|E\|_2\|\hat{w}\|_2}{\|A\|_2\|\hat{w}\|_2}=\frac{1}{\|A\|_2\|\hat{w}\|_2}+O(\epsilon_{\text{mach}}).$$

Für $1/(\|A\|_2\|\hat{w}\|_2)=O(\epsilon_{\text{mach}})$ ist das Eigenpaar also bereits *rückwärtsstabil*, ohne dass die *genaue* Länge von $\|w\|_2$ eine Rolle gespielt hätte. Diese Größenordnung ist prinzipiell erreichbar, wie folgende Abschätzung nach unten zeigt:

$$\frac{1}{\|A\|_2\|w\|_2}\geqslant\frac{1}{\|A\|_2\|(A-\mu I)^{-1}\|_2\|v\|_2}=\frac{\text{dist}(\mu,\sigma(A))}{\|A\|_2}=O(\epsilon_{\text{mach}}).$$

Für zufällig gewählten Startvektor $v=v_0$ besteht hier mit hoher Wahrscheinlichkeit größenordnungmäßig Gleichheit.[76] Wir halten fest:

Mit einem rückwärtsstabil approximierten EW als Shift liefert bereits ein einziger Schritt der inversen Vektoriteration für zufälligen Startvektor mit hoher Wahrscheinlichkeit ein rückwärtsstabil approximiertes Eigenpaar.

Aufgabe. Wie lässt sich in der inversen Vektoriteration bei numerisch *exakt* singulärer Iterationsmatrix $A-\mu I$ das Auftreten arithmetischer Ausnahmen vermeiden?

---

[75] „The failure to grasp this fact has resulted in a lot of misguided papers." (Pete Stewart 1998)

[76] Genauer lässt sich für gemäß „v = randn(m,1); v = v/norm(v);" gebildete Zufallsvektoren v zeigen (für einen Beweis siehe §E.15), dass mit einer Wahrscheinlichkeit $\geqslant 1-\delta$

$$\frac{1}{\|A\|_2\|w\|_2}\leqslant O(\delta^{-1}\epsilon_{\text{mach}}) \qquad (0<\delta\leqslant 1).$$

Beispiel. So erhalten wir trotz der von MATLAB für Zeile 6 ausgesprochenen Warnung

```
Matrix is close to singular or badly scaled. Results may be inaccurate.
```

nach einem einzigen Schritt einen rückwärtsstabilen EV zum bereits bekannten EW:

```
1 >> m = 1000; rng(847); % Initialisierung von Dimension und Zufallszahlen
2 >> lambda = (1:m) + (-5:m-6)*i; % vorgegebene Eigenwerte
3 >> [Q,~] = qr(randn(m)); A = Q*diag(lambda)*Q'; % passende normale Matrix
4 >> mu = 1 - 5i; % Shift = ein bekannter EW
5 >> v = randn(m,1); v = v/norm(v); % zufälliger Startvektor
6 >> w = (A - mu*eye(m))\v; % ein Schritt inverse Vektoriteration
7 >> omega = sqrt(m)*norm(A*w-mu*w)/norm(A,'fro')/norm(w) % Formel (20.1)
8 omega =
9    1.3136e-15
```

21 QR-Iteration

21.1 Für gegebenen EW λ einer Matrix A organisieren wir die Schur'sche Normalform in der Form

$$Q'AQ = T = \left(\begin{array}{c|c} * & * \\ \hline & \lambda \end{array}\right).$$

Die letzte Zeile dieser Zerlegung besagt $e_m'Q'AQ = \lambda e_m'$, so dass für $x = Qe_m \neq 0$

$$x'A = \lambda x', \qquad x \neq 0; \tag{21.1}$$

ein solches x heißt *Links-EV* von A zum EW λ; (λ, x) heißt *Links-Eigenpaar*.

Bemerkung. Adjunktion macht (21.1) äquivalent zu $A'x = \bar{\lambda}x$. Also gilt $\sigma(A') = \overline{\sigma(A)}$ und die Links-EV von A stimmen mit den EV von A' überein. So sehen wir sofort, dass sich alle Konzepte dieses Kapitels von Eigenpaaren auf Links-Eigenpaare übertragen.

21.2 Wir wollen zunächst nur die letzte Zeile der Schur'schen Normalform *iterativ* erzeugen, indem wir aus der Startmatrix $A_0 = A$ eine Folge

$$A_{k+1} = Q_k'A_kQ_k \to \left(\begin{array}{c|c} * & * \\ \hline & \lambda \end{array}\right) \qquad (k \to \infty) \tag{21.2}$$

konstruieren, wobei die Q_k unitär sind. Insbesondere sind A_k und A unitär ähnlich, so dass Spektrum und Norm während einer solchen Iteration invariant bleiben:

$$\sigma(A_k) = \sigma(A), \qquad \|A_k\|_2 = \|A\|_2.$$

Die letzte Zeile von (21.2) bedeutet, dass e_m asymptotisch ein Links-EV zu λ wird:

$$e_m'A_k \to \lambda e_m' \qquad (k \to \infty).$$

21.3 Die Partitionierung

$$A_k = \left(\begin{array}{c|c} * & * \\ \hline r'_k & \lambda_k \end{array} \right)$$

liefert für den approximativen Links-EV e_m von A_k den Rayleigh-Quotienten

$$\lambda_k = e'_m A_k e_m$$

und das zugehörige Residuum in der Form

$$e'_m A_k - \lambda_k e'_m = (r'_k \mid 0).$$

Der Rückwärtsfehler $\omega_k = \|r_k\|_2 / \|A\|_2$ des gestörten Links-Eigenpaars (λ_k, e_m) verschwindet also im Limes genau dann, wenn wie in (21.2) gefordert $\|r_k\|_2 \to 0$.

21.4 Wir konstruieren A_{k+1} aus A_k, indem wir e_m als approximativen Links-EV durch *einen* Schritt der inversen Vektoriteration (mit einem Shift μ_k) verbessern:

(1) löse $w'_k(A_k - \mu_k I) = e'_m$;

(2) normiere $v_k = w_k / \|w_k\|_2$;

(3) ergänze zu einer Orthonormalbasis, d.h. bilde ein unitäres $Q_k = (* \mid v_k)$;

(4) wechsle die Basis gemäß $A_{k+1} = Q'_k A_k Q_k$, so dass v_k zu $e_m = Q'_k v_k$ wird.

21.5 Der entscheidende Punkt ist nun, dass wir die Schritte (1)–(3) *auf einen Schlag* (engl.: *in one fell swoop*) aus einer QR-Zerlegung zur Lösung von (1) gewinnen:[77]

$$A_k - \mu_k I = Q_k R_k, \qquad R_k = \left(\begin{array}{c|c} * & * \\ \hline & \rho_k \end{array} \right),$$

mit Q_k unitär und R_k oberer Dreiecksmatrix mit positiver Diagonale. Aus der letzten Zeile von R_k, nämlich $e'_m R_k = \rho_k e'_m$, erhalten wir als letzte Zeile von Q'_k

$$\underbrace{e'_m Q'_k}_{\text{normierter Vektor}} = e'_m R_k (A_k - \mu_k I)^{-1} = \underbrace{\rho_k}_{>0} \cdot \underbrace{e'_m (A_k - \mu_k I)^{-1}}_{=w'_k}, \quad \text{d.h.} \quad e'_m Q'_k = v'_k,$$

so dass in der Tat die letzte Spalte von Q_k bereits der Vektor v_k ist. Des Weiteren lautet Schritt (4) auf diese Weise schließlich kurz und knapp:

$$A_{k+1} = Q'_k A_k Q_k = Q'_k (A_k - \mu_k I) Q_k + \mu_k I = Q'_k Q_k R_k Q_k + \mu_k I = R_k Q_k + \mu_k I.$$

---

[77]Wir folgen G. W. Stewart: *Afternotes goes to Graduate School*, SIAM, Philadelphia, 1997, S. 137–139.

21.6 Wir sind damit zu einem der bemerkenswertesten, wichtigsten und elegantesten Algorithmen des 20. Jh. gelangt, nämlich zur unabhängig[78] voneinander durch John Francis (1959) und Vera Kublanovskaya (1960) entwickelten QR-Iteration: mit $A_0 = A$ ist für $k = 0, 1, 2, \ldots$

$$A_k - \mu_k I = Q_k R_k \qquad \text{(QR-Faktorisierung)}$$

$$A_{k+1} = R_k Q_k + \mu_k I \qquad \text{(Matrixprodukt RQ)}$$

Dabei ist μ_k eine Folge geeigneter Shifts. Für festen Shift $\mu_k = \mu$ ist diese Iteration nach unserer Herleitung „nichts weiter" als eine inverse Vektoriteration mit fortgesetzten unitären Basiswechseln, so dass die aktuelle Links-EV Approximation durchgängig der letzte Einheitsvektor e_m bleibt. In dieser Form überträgt sich auch sofort die Konvergenztheorie aus Satz 20.8.

21.7 Obwohl die A_k unter gewissen Voraussetzungen sogar *insgesamt* gegen eine Schur'sche Normalform konvergieren (und zwar *ohne* jeden Shift, siehe §E.2), ist es doch effizienter – und konzeptionell für die Wahl brauchbarer Shifts μ_k auch klarer – hinreichend genau berechnete EW *zeilenweise* von unten nach oben *abzuspalten*. Die QR-Iteration wird daher abgebrochen, wenn wir anhand von

$$A_n = \left(\begin{array}{c|c} B_n & w_n \\ \hline r_n' & \lambda_n \end{array} \right)$$

nach §21.3 die Rückwärtsstabilität des Links-Eigenpaars (λ_n, e_m) ablesen können:

$$\|r_n\|_2 = O(\|A\|_2 \cdot \epsilon_{\text{mach}}).$$

In diesem Fall führen wir eine *numerische Deflation* in der Form

$$A_n \mapsto \tilde{A}_n = \left(\begin{array}{c|c} B_n & w_n \\ \hline 0 & \lambda_n \end{array} \right) = A_n - E_n, \qquad E_n = e_m \left(r_n' \mid 0 \right),$$

aus, d.h. wir *machen* e_m einfach zum Links-EV einer leicht *gestörten* Matrix $\tilde{A}_n$; die Störung erfüllt dabei nach Konstruktion

$$\|E_n\|_2 = \|e_m\|_2 \cdot \|r_n\|_2 = O(\|A\|_2 \cdot \epsilon_{\text{mach}}).$$

Aus

$$A_n = Q_{n-1}' \cdots Q_0' A \underbrace{Q_0 \cdots Q_{n-1}}_{=U_n} = U_n' A U_n$$

---

[78] G. Golub, F. Uhlig: *The QR algorithm: 50 years later*, IMA J. Numer. Anal. 29, 467–485, 2009.

folgt wegen der Unitarität von U_n und der unitären *Invarianz*[79] der Spektralnorm

$$\tilde{A}_n = U_n' \tilde{A} U_n, \qquad \tilde{A} = A + \underbrace{E}_{U_n E_n U_n'}, \qquad \|E\|_2 = O(\|A\|_2 \cdot \epsilon_{\text{mach}}).$$

Auf diese Weise ist $(\lambda_n, U_n e_m)$ *exaktes* Links-Eigenpaar der gestörten Matrix $\tilde{A}$ und daher ein *rückwärtsstabil* berechnetes Links-Eigenpaar von A.

Programm 15 (QR-Iteration).

```
function [lambda,U,B,w] = QR_Iteration(A)

[m,~] = size(A); I = eye(m); U = I;      % Initialisierungen
normA = norm(A,'fro');                    % speichere ||A||_F
while norm(A(m,1:m-1)) > eps*normA        % Rückwärtsfehler noch zu groß?
    mu = ... ;                            % wähle Shift mu_k (siehe §§21.10/21.12)
    [Q,R] = qr(A-mu*I);                   % QR-Zerlegung
    A = R*Q+mu*I;                         % RQ-Multiplikation
    U = U*Q;                              % Transformationsmatrix U_k = Q_1 ... Q_k
end
lambda = A(m,m);                          % Eigenwert
B = A(1:m-1,1:m-1);                       % deflationierte Matrix
w = A(1:m-1,m);                           % Restspalte für Schur'sche Normalform
```

21.8 Ebenso gehört jedes rückwärtsstabil berechnete Links-Eigenpaar der deflationierten Matrix B_n zu einem rückwärtsstabilen Links-Eigenpaar von A. Wenden wir nun die QR-Iteration auf die um eine Dimension kleinere Matrix B_n an und wiederholen das Ganze, so liefert ein Zyklus aus QR-Iteration und anschließender numerischer Deflation Spalte für Spalte rückwärtsstabil eine Schur'sche Normalform von A (vgl. §18.5). Ohne Indizes und ohne die rückwärtsstabilen Störungen lautet die Struktur eines einzelnen Schritts in diesem Zyklus wie folgt: Ist bereits

$$Q'AQ = \left(\begin{array}{c|c} B & W \\ \hline & T \end{array} \right)$$

mit einem unitären Q und einer oberen Dreiecksmatrix T berechnet, so liefert eine Anwendung der QR-Iteration auf B mit anschließender Deflation

$$U'BU = \left(\begin{array}{c|c} C & w \\ \hline & \lambda \end{array} \right).$$

---

[79]Hier sehen wir erneut die überragende Bedeutung *unitärer* Transformationen für die Numerik: Störungen werden nicht verstärkt.

Dann gilt mit der gleichen Struktur wie beim Ausgangspunkt des Schritts, dass

$$
\left(\begin{array}{c|c} U' & \\ \hline & I \end{array} \right) Q'AQ \left(\begin{array}{c|c} U & \\ \hline & I \end{array} \right) = \left(\begin{array}{c|c} U'BU & U'W \\ \hline & T \end{array} \right) = \left(\begin{array}{c|c} \begin{array}{c|c} C & w \\ \hline & \lambda \end{array} & U'W \\ \hline & T \end{array} \right),
$$

wobei sich die Dimension der Dreiecksmatrix unten rechts um Eins erhöht hat; der EW λ ist auf der Diagonalen hinzugekommen.

21.9 In MATLAB lautet die *in situ* Ausführung dieses Zyklus zur Berechnung der Schur'schen Normalform $Q'AQ = T$ wie folgt:

Programm 16 (Schur'sche Normalform).

Objekt	MATLAB für Spalte k
W	`T(1:k,k+1:m)`
w	`T(1:k-1,k)`
λ	`T(k,k)`

```
1 T = zeros(m); Q = eye(m);            % Initialisierungen
2 for k=m:-1:1                         % spaltenweise von hinten nach vorne
3   [lambda,U,A,w] = QR_Iteration(A);  % Deflation mittels QR-Iteration
4   Q(:,1:k) = Q(:,1:k)*U;             % Trafo der ersten k Spalten von Q
5   T(1:k,k+1:m) = U'*T(1:k,k+1:m);    % Trafo der ersten k Restzeilen von T
6   T(1:k,k) = [w;lambda];             % neue k-te Spalte in T
7 end
```

Dabei ist `QR_Iteration(A)` die Funktion aus Programm 15.

Shift-Strategien und Konvergenzresultate

21.10 Als Shift μ_k bietet sich für Schritt $A_k \mapsto A_{k+1}$ der QR-Iteration nach §21.3 zunächst der Rayleigh-Quotient

$$
\mu_k = e_m'A_k e_m = \lambda_k
$$

an; wir sprechen vom *Rayleigh-Shift*. Er konkretisiert Zeile 6 in Programm 15 zu:

```
6 mu = A(m,m);
```

In der Notation von §21.3 lässt sich hiermit die Konvergenz des Residuums in folgender Form zeigen (siehe §§E.7–E.13): Falls das Startresiduum $\|r_0\|_2$ bereits hinreichend klein ist, gilt

$$
\|r_{k+1}\|_2 = O(\|r_k\|_2^2), \quad \text{bzw. für } \textit{normale} \text{ Matrizen} \quad \|r_{k+1}\|_2 = O(\|r_k\|_2^3).
$$

Eine solche Konvergenz heißt *lokal quadratisch* bzw. *lokal kubisch*.[80]

Aufgabe. Zeige: Bei einer Iteration mit quadratischer (kubischer) Konvergenz des Rückwärtsfehlers wird für ein gut konditioniertes Problem die Anzahl korrekter Ziffern der
Lösung in jedem Schritt mindestens verdoppelt (verdreifacht).

21.11 Für reelle Matrizen A erzeugt die QR-Iteration mit Rayleigh-Shift eine
Folge A_k *reeller* Matrizen, so dass sich *komplexe* EW nicht direkt approximieren
lassen: Anstatt wie in (21.2) konvergiert die Folge A_k dann oft in der Form

$$A_{k+1} \to \left(\begin{array}{c|cc} * & * & \\ \hline & \alpha & \beta \\ & \gamma & \lambda \end{array} \right).$$

Eine solche Konvergenz tritt in Übereinstimmung mit Satz 20.8 nicht nur auf, wenn
die rechts unten stehende 2×2-Matrix konjugiert komplexe EW hat, sondern
auch wenn die beiden EW *symmetrisch* zum Rayleigh-Shift $\mu = \lambda$ liegen.

Beispiel. Die Permutationsmatrix

$$A = \left(\begin{array}{cc} 0 & 1 \\ 1 & 0 \end{array} \right) = \underbrace{Q}_{=A} \underbrace{R}_{=I}$$

mit den EW $\lambda = \pm 1$ ist wegen $RQ = A$ ein *Fixpunkt* der QR-Iteration zum Shift $\mu = 0$.

21.12 J. Wilkinson hat 1968 zur Lösung dieses Problems folgende Shift-Strategie
vorgeschlagen: Für

$$A_k = \left(\begin{array}{c|cc} * & * & \\ \hline & \alpha_k & \beta_k \\ * & \gamma_k & \lambda_k \end{array} \right). \tag{21.3}$$

nimmt man als Shift μ_k denjenigen EW der 2×2-Matrix[81]

$$\left(\begin{array}{cc} \alpha_k & \beta_k \\ \gamma_k & \lambda_k \end{array} \right),$$

welcher *näher* am Rayleigh-Shift λ_k liegt; wir sprechen vom *Wilkinson-Shift*. In
Programm 15 konkretisiert sich Zeile 6 damit zu:

```
6  mu = eig(A(m-1:m,m-1:m)); [-,ind] = min(abs(mu-A(m,m))); mu = mu(ind);
```

---

[80] „lokal" = für Startwerte *in der Nähe* des Grenzwerts; „global" = für alle zulässigen Startwerte
[81] EW von 2×2-Matrizen berechnet man als Lösung einer quadratischen Gleichung; beachte hierfür
aber die in §§14.1–14.2 diskutierten Aspekte numerischer Stabilität.

Die Konvergenzgeschwindigkeit ist *in der Regel* wie beim Rayleigh-Shift lokal quadratisch, bzw. für normale Matrizen lokal kubisch (siehe §E.14). In der Praxis kommt man im Mittel mit etwa 2–4 Iterationen pro EW aus.[82]

Aufgabe. (a) Ermittle für eine zufällige 100×100-Matrix, wieviele QR-Iterationen Programm 16 im Mittel pro EW benötigt. (b) Zeige: Für eine reell selbstadjungierte Matrix A ist der Wilkinson-Shift stets reell.

Bemerkung. Auch der Wilkinson-Shift ist – außer für den extrem wichtigen Fall reell symmetrischer *tridiagonaler* Matrizen (vgl. Phase 2 in §21.14), wo globale Konvergenz bewiesen werden kann[83] – leider nicht völlig *ausfallsicher*; z.B. ist die Permutationsmatrix

$$A = \begin{pmatrix} 0 & 0 & 1 \\ 1 & 0 & 0 \\ 0 & 1 & 0 \end{pmatrix}$$

ein Fixpunkt der QR-Iteration zum Wilkinson-Shift $\mu = 0$. Man kennt daher mit *Multi-Shifts*, *Ausnahme-Shifts*, usw. noch sehr viel feinere Shift-Strategien. Es ist ein immer noch *offenes* Problem, eine Shift-Strategie zu finden, die für *jede* Matrix beweisbar konvergiert.

Aufwandsreduktion

21.13 Selbst wenn nur eine begrenzte Anzahl $O(1)$ von Iterationen pro EW benötigt werden, ist die QR-Iteration zur Berechnung der Schur'schen Normalform noch zu teuer, wenn man sie ohne Vorbehandlung direkt auf A anwendet:

$$\#\text{flop für} \underbrace{\text{Deflation}}_{\text{Programm 15}} = \underbrace{\#\text{ Iterationen}}_{=O(1)} \cdot \underbrace{\#\text{ flop für einen } QR\text{-Schritt}}_{=O(m^3)} = O(m^3)$$

$$\underbrace{\text{Gesamtkosten}}_{\#\text{ flop Programm 16}} = O(m^3 + (m-1)^3 + \cdots + 1) = O(m^4).$$

Ziel der folgenden Paragraphen ist eine Reduktion des Aufwands von $O(m^4)$ auf nur noch $O(m^3)$ (also vergleichbar zu den Kosten einer QR-Zerlegung).

21.14 Um dieses Ziel zu erreichen, wird die Berechnung der Schur'schen Normalform in *zwei Phasen* gegliedert:

(1) Unitäre *Reduktion* von A durch einen *direkten* $O(m^3)$-Algorithmus auf eine „einfache" Gesalt

$$H = Q'AQ \in \mathcal{H}.$$

---

[82]Dabei kommen später berechneten EW die QR-Iterationen für bereits berechnete EW zugute.

[83]J. Wilkinson: *Global convergence of tridiagonal QR algorithm with origin shifts*, Linear Algebra and Appl. 1, 409–420, 1968; ein mehr struktureller Beweis ist in W. Hoffmann, B. N. Parlett: *A new proof of global convergence for the tridiagonal QL algorithm*, SIAM J. Numer. Anal. 15, 929–937, 1978.

(2) Anwendung der QR-Iteration auf $H \in \mathcal{H}$. Dazu sollte der Raum $\mathcal{H}$ der „einfachen" Matrizen unter einem QR-Schritt invariant sein, also

$$\mathcal{H} \ni H - \mu I = QR \;\Rightarrow\; H_* = RQ + \mu I \in \mathcal{H}$$

gelten und sowohl die Berechnung der QR-Zerlegung als auch diejenige des Produkts RQ sollten nur $O(m^2)$ flop benötigen.

Nach §9.11 bietet sich für $\mathcal{H}$ der Matrixraum der *oberen Hessenberg-Matrizen* an: Für diese beträgt der Aufwand eines QR-Schritts in der Tat nur $\#\,\mathrm{flop} \doteq 6m^2$.

21.15 Für Phase (2) folgt die Invarianz von $\mathcal{H}$ unter einem QR-Schritt sofort aus:

Lemma. *Es seien $\mathcal{H}$ und $\mathcal{R}$ die Matrixräume der oberen Hessenberg- bzw. oberen Dreiecksmatrizen. Dann gilt*

$$\mathcal{H} \cdot \mathcal{R} \subset \mathcal{H}, \qquad \mathcal{R} \cdot \mathcal{H} \subset \mathcal{H}.$$

Ist $H = QR$ die QR-Zerlegung von $H \in \mathcal{H}$ gemäß §9.11, dann gilt $Q \in \mathcal{H}$.

Beweis. Nach §§5.2 und 9.11 sind die Matrixräume $\mathcal{R}$ und $\mathcal{H}$ mit Hilfe der kanonischen Unterräume $V_k = \mathrm{span}\{e_1, \ldots, e_k\} \subset \mathbb{K}^m$ wie folgt definiert

$$R \in \mathcal{R} \;\Leftrightarrow\; RV_k \subset V_k \;\; (k = 1:m), \quad H \in \mathcal{H} \;\Leftrightarrow\; HV_k \subset V_{k+1} \;\; (k = 1:m-1).$$

Schritt 1. Für $R \in \mathcal{R}$ und $H \in \mathcal{H}$ folgt $HR, RH \in \mathcal{H}$, weil

$$HR(V_k) \subset HV_k \subset V_{k+1}, \qquad RH(V_k) \subset RV_{k+1} \subset V_{k+1} \qquad (k = 1:m-1).$$

Schritt 2. Ist $H = QR$ die QR-Zerlegung eines *invertierbaren* $H \in \mathcal{H}$, so folgt aus der Gruppenstruktur von $\mathcal{R}$ bzgl. Multiplikation (Lemma 5.3), dass $R^{-1} \in \mathcal{R}$ und daher $Q = HR^{-1} \in \mathcal{H}$. Weil die QR-Zerlegung gemäß §9.11 stetig in H ist, folgt $Q \in \mathcal{H}$ auch für ein allgemeines $H \in \mathcal{H}$, indem man es durch eine Folge invertierbarer $H_n \in \mathcal{H}$ approximiert. $\qquad\square$

21.16 Für Phase (1) beschreiben wir spaltenweise die unitäre Reduktion von A auf eine obere Hessenberg-Matrix $H = Q'AQ$ anhand der ersten Spalte: Aus

$$A = \left(\begin{array}{c|c} \alpha & y' \\ \hline x & B \end{array}\right)$$

erhalten wir nämlich mit einer *vollen QR-Zerlegung* $x = \xi U e_1$ von $x \in \mathbb{C}^{(m-1)\times 1}$

$$\underbrace{\left(\begin{array}{c|c} 1 & \\ \hline & u' \end{array}\right)}_{=Q_1'} A \underbrace{\left(\begin{array}{c|c} 1 & \\ \hline & u \end{array}\right)}_{=Q_1} = \left(\begin{array}{c|c} \alpha & y'U \\ \hline \begin{matrix} \zeta \\ 0 \\ \vdots \\ 0 \end{matrix} & u'BU \end{array}\right).$$

Führen wir die gleiche Aktion mit $U'BU$ durch und wiederholen das Ganze, so erhalten wir schließlich spaltenweise – von links nach rechts – die gewünschte Hessenberg-Matrix H.

Aufgabe. **Zeige:** Die Kosten dieses Algorithmus liegen für eine implizite Darstellung von Q (Speichern aller Faktoren, z.B. Givens-Rotationen, und nicht Ausmultiplizieren) bei $O(m^3)$.

Aufgabe. **Zeige:** Mit A ist auch H selbstadjungiert und daher *tridiagonal*. Was ist hier der *Gesamtaufwand*? Antwort: Phase (1) kostet $O(m^3)$, Phase (2) hingegen nur $O(m^2)$ flop.

21.17 MATLAB bietet den Zugriff auf die LAPACK-Programme der Algorithmen dieses Abschnitts (bei LAPACK steht 'GE' für eine allgemeine, 'SY' für eine reell symmetrische und 'HE' für eine komplex hermitesche Matrix; vgl. §8.1):

Aufgabe	MATLAB	LAPACK
Hessenberg $H = Q'AQ$	`[Q,T] = hess(A)`	`xGEHR/xSYTRD/xHETRD`
Schur $T = Q'AQ$	`[Q,T] = schur(A,'complex')`	`xGEES/xSYEV/xHEEV`
alle EW $\lambda_j(A)$ $(j = 1 : m)$	`lambda = eig(A)`	`xGEEV/xSYEV/xHEEV`

Die Berechnung der EW *allein* ist viel günstiger als die der Schur'schen Normalform, da die unitären Transformationen dann nicht verwaltet werden müssen.

Beispiel. Zum Vergleich hier ein paar Laufzeiten für reelle zufällige 2000×2000-Matrizen:

Befehl	allgemein [s]	symmetrisch [s]
`[L,R,p] = lu(A,'vector');`	0.11	0.11
`R = triu(qr(A));`	0.23	0.23
`[Q,R] = qr(A);`	0.44	0.44
`H = hess(A);`	2.0	0.83
`[Q,H] = hess(A);`	2.2	1.0
`lambda = eig(A);`	3.8	0.89
`[Q,T] = schur(A,'complex');`	13	1.4

21.18 Für *normale* Matrizen bilden die Spalten der unitären Matrix Q aus der Schur'schen Normalform $Q'AQ = T$ eine Orthonormalbasis von EV (siehe §18.6). Für allgemeine Matrizen berechnet der MATLAB-Befehl `[V,D] = eig(A)` eine numerische Lösung $V \in \mathbb{C}^{m \times m}$ von

$$AV = VD, \qquad D = \mathrm{diag}(\lambda_1, \ldots, \lambda_m).$$

Die Spalten von V sind also EV von A; falls die Matrix A jedoch gar *keine* Basis von EV besitzt, muss V singulär sein – A heißt dann *nicht diagonalisierbar*. Numerisch äußert sich dies in einer numerisch singulären Matrix V mit

$$\kappa_2(V) \gtrsim \epsilon_{\mathrm{mach}}^{-1}.$$

Bemerkung. Zu einzelnen, *ausgewählten* EW berechnet man EV am Besten wie in §20.11.

Aufgabe. Diskutiere das Ergebnis von [V,D] = eig([1 1; 0 1]).

Aufgabe. Es sei $T \in \mathbb{R}^{m \times m}$ eine symmetrische Tridiagonalmatrix der Form

$$
T = \begin{pmatrix} a_1 & b_1 & & \\ b_1 & a_2 & \ddots & \\ & \ddots & \ddots & b_{m-1} \\ & & b_{m-1} & a_m \end{pmatrix} \qquad (b_j \neq 0).
$$

Diese Aufgabe entwickelt einen effizienten Algorithmus zur Berechnung derjenigen Eigenwerte von T, welche in einem vorgegebenem halboffenen Intervall $[\alpha, \beta)$ liegen.

- Zeige: Dreieckszerlegung *ohne* Pivotisierung (falls durchführbar) führt auf eine Zerlegung der Form $T - \mu I = LDL'$, wobei $D = \mathrm{diag}(d_1, \ldots, d_m)$ der Rekursion

$$
d_1 = a_1 - \mu, \qquad d_j = a_j - \mu - \frac{b_{j-1}^2}{d_{j-1}} \quad (j = 2 : m), \tag{21.4}
$$

  genügt. Die Trägheitsindizes von $T - \mu I$ sind gegeben durch

$$
\nu_{\pm}(\mu) = \#\{\lambda \in \sigma(T) : \lambda \gtrless \mu\} = \#\{d_j : d_j \gtrless 0\},
$$
$$
\nu_0(\mu) = \#\{\lambda \in \sigma(T) : \lambda = \mu\} = \#\{d_j : d_j = 0\}.
$$

  Es ist $\nu_0(\mu) \in \{0,1\}$. Charakterisiere die Durchführbarkeit der Zerlegung.

- Zeige: Die Trägheitsindizes werden mittels (21.4) *rückwärtsstabil* berechnet. Argumentiere mit dem Standardmodell (12.1), dass die tatsächlich berechneten Größen $\hat{d}_j$ die gleichen Vorzeichen besitzen wie die $\tilde{d}_j$ aus einer gestörten Rekursion der Form

$$
\tilde{d}_1 = a_1 - \mu, \qquad \tilde{d}_j = a_j - \mu - \frac{\tilde{b}_{j-1}^2}{\tilde{d}_{j-1}} \quad (j = 2 : m).
$$

  Schätze die relativen Fehler von $\tilde{b}_j$ geeignet ab.

- Zeige: (21.4) ist in IEEE-Arithmetik selbst dann sinnvoll, wenn $d_{j_*} = 0$ für ein $j_* < m$. Zudem bliebe der so berechnete Index $\nu_-(\mu)$ *invariant* (nicht jedoch $\nu_+(\mu)$), wenn man $d_{j_*} = 0$ durch eine hinreichend kleine Störung der Form $a_{j_*} \pm \epsilon$ verhinderte.

- Zeige: Die Anzahl $\nu(\alpha, \beta) = \#(\sigma(T) \cap [\alpha, \beta))$ ist gegeben als $\nu(\alpha, \beta) = \nu_-(\beta) - \nu_-(\alpha)$.

- Implementiere den *Bisektions-Algorithmus*: Durch fortgesetzte Halbierung von Intervallen wird das Startintervall $[\alpha, \beta)$ in Teilintervalle $[\alpha_*, \beta_*)$ zerlegt, welche für diesen Prozess aber nur dann weiter berücksichtigt werden, wenn

$$
\nu_* = \#(\sigma(T) \cap [\alpha_*, \beta_*)) > 0
$$

  gilt. Der Halbierungsprozess eines Teilintervalls stoppt, sobald es mit $\beta_* - \alpha_* \leqslant \mathrm{tol}$ hinreichend genau ist. Ausgabe sei eine Liste dieser $[\alpha_*, \beta_*)$ mit den EW-Anzahlen.

- Schätze den Aufwand des Algorithmus in Abhängigkeit von m, $\nu(\alpha, \beta)$ und tol ab.

- Erweitere den Algorithmus wie in §21.14 auf beliebige reell symmetrische Matrizen A. Warum bedeutet die Voraussetzung $b_j \neq 0$ an T dabei keine Einschränkung?

Aufgabe. Die Matrizen $A, B \in \mathbb{R}^{m \times m}$ seien symmetrisch, B zusätzlich auch positiv definit. Betrachte das *verallgemeinerte* Eigenwertproblem

$$Ax = \lambda Bx, \qquad x \neq 0. \tag{21.5}$$

Die Menge aller verallgemeinerten Eigenwerte λ wird mit $\sigma(A, B)$ bezeichnet.

• Gib eine Formel für den (normweise relativen) Rückwärtsfehler ω eines gestörten Eigenpaars $(\tilde{\lambda}, \tilde{x})$, $\tilde{x} \neq 0$. Dabei werde der Fehler nur auf A „zurückgeworfen".

• Die *absolute* Kondition eines *einfachen* verallgemeinerten EW λ (ein zugehöriger EV sei x) ist bzgl. einer in der 2-Norm gemessenen Störung von A gegeben durch[84]

$$\kappa_{\mathrm{abs}}(\lambda; A) = \frac{x'x}{x'Bx}.$$

Leite daraus die Abschätzungen $|\lambda|\, \|A\|_2^{-1} \leqslant \kappa_{\mathrm{abs}}(\lambda; A) \leqslant \|B^{-1}\|_2$ her (die untere nur für $A \neq 0$) und präzisiere folgende Aussage:

  Ein verallgemeinerter Eigenwert λ ist schlecht konditioniert, wenn B schlecht konditioniert und $|\lambda|$ relativ groß ist.

Hinweis. Ohne Einschränkung darf $\|B\|_2 = 1$ vorausgesetzt werden. Warum?

• Benutze ω und $\kappa_{\mathrm{abs}}(\lambda; A)$ für eine algorithmisch einfach auswertbare Schätzung des *absoluten* Vorwärtsfehlers von λ.

• Zeige: Eine Zerlegung der Form $B = GG'$ transformiert das verallgemeinerte Eigenwertproblem (21.5) auf folgendes äquivalente symmetrische Eigenwertproblem:

$$A_G z = \lambda z, \qquad A_G = G^{-1}A(G^{-1})', \qquad z = G'x \neq 0. \tag{21.6}$$

Leite Formeln für solche G aus der Cholesky- und der Schur-Zerlegung von B her.

• Betrachte die inverse Vektoriteration mit Shift μ aus §§20.6–20.7 für A_G und transformiere so zurück, dass nur noch die Matrizen A und B auftauchen, nicht aber der Faktor G. Formuliere einen Konvergenzsatz.

• Programmiere die so verallgemeinerte inverse Vektoriteration als effiziente Modifikation von Programm 14. Ausgabe sollte zusätzlich zu einem verallgemeinerten Eigenpaar (λ, x) auch die nebenbei berechnete *absolute* Kondition $\kappa_{\mathrm{abs}}(\lambda; A)$ wowie eine Schätzung des absoluten Vorwärtsfehlers von λ sein.

• Programmiere mit Hilfe der Transformation (21.6) eine Funktion `eigChol(A,B)` und eine Funktion `eigSchur(A,B)`, welche jeweils $\sigma(A, B)$ berechnen und dafür den MATLAB-Befehl `eig($A_G$)` verwenden. Wieviele Flop werden jeweils benötigt?

• Berechne mit den drei in dieser Aufgabe entwickelten Programmen sowie dem MATLAB-Befehl `eig(A,B)` sämtliche Eigenwerte für folgendes Beispiel:

```
1  A = [1.0 2.0 3.0; 2.0 4.0 5.0; 3.0 5.0 6.0];
2  B = [1.0e-6 0.001 0.002; 0.001 1.000001 2.001;
        0.002 2.001 5.000001];
```

Beurteile die Genauigkeit der berechneten Eigenwerte (Stabilität, Anzahl korrekter Ziffern) und bewerte die Verfahren. Berücksichtige die Kondition des Problems.

---

[84]V. Frayssé, V. Toumazou: *A note on the normwise perturbation theory for the regular generalized eigenproblem*, Numer. Linear Algebra Appl. 5, 1–10, 1998.

Anhang

A MATLAB – Eine ganz kurze Einführung

MATLAB (MATrix LABoratory) ist eine kommerzielle Software, die in Industrie und Hochschulen zur numerischen Simulation, Datenerfassung und Datenanalyse mittlerweile sehr weit verbreitet ist. Sie stellt über eine *einfache Skriptsprache* eine elegante Schnittstelle zur Matrizen-basierten Numerik dar, wie sie dem Stand der Kunst durch die optimierte BLAS-Bibliothek (Basic Linear Algebra Subprograms) des Prozessorherstellers und die Hochleistungs-Fortran-Bibliothek LAPACK für lineare Gleichungssysteme, Normalformen und Eigenwertprobleme entspricht.

Allgemeines

A.1 Hilfe:

```
help Befehl, doc Befehl
```

zeigt den Hilfe-Text von *Befehl* in der Konsole bzw. im Browser an.

A.2 ',' und ';' trennen Befehle, wobei ';' die Bildschirmausgabe unterdrückt.

A.3 Information:

```
whos
```

informiert über die Variablen im Arbeitsspeicher.

A.4 Messung der Laufzeit:

```
tic, Anweisungen, toc
```

führt *Anweisungen* aus und protokolliert die hierfür benötigte Rechenzeit.

A.5 Kommentare:

```
% Kommentare stehen hinter einem Prozentzeichen
```

© Springer Fachmedien Wiesbaden GmbH, ein Teil von Springer Nature 2018
F. Bornemann, *Numerische lineare Algebra*, Springer Studium Mathematik – Bachelor,
https://doi.org/10.1007/978-3-658-24431-6

Matrizen

A.6 Matlab identifiziert Skalare mit 1×1-Matrizen, Spaltenvektoren (Zeilenvektoren) der Dimension m mit $m \times 1$- ($1 \times m$-) Matrizen.

A.7 Zuweisung:

```
A = Ausdruck;
```

weist der Variablen A den Wert vom *Ausdruck* zu.

A.8 +,-,* sind Matrix-Addition, -Subtraktion, -Multiplikation.

A.9 .* ist die komponentenweise Multiplikation zweier Matrizen.

A.10 A' ist die zu A adjungierte Matrix.

A.11 Eingabe einer konkreten Matrix:

```
A = [ 0.32975 -0.77335  0.12728;
     -0.17728 -0.73666  0.45504];
```

oder

```
A = [ 0.32975 -0.77335  0.12728; -0.17728 -0.73666  0.45504];
```

weist der Variablen A folgende Matrix als Wert zu:

$$\begin{pmatrix} 0.32975 & -0.77335 & 0.12728 \\ -0.17728 & -0.73666 & 0.45504 \end{pmatrix}.$$

A.12 Einheitsmatrix (Identität):

```
eye(m)
```

erzeugt die Einheitsmatrix der Dimension m.

A.13 Nullmatrix:

```
zeros(m,n), zeros(m)
```

erzeugt m $\times$ n- bzw. m $\times$ m-Matrizen voller Nullen.

A.14 Einsmatrix:

```
ones(m,n), ones(m)
```

erzeugt m $\times$ n- bzw. m $\times$ m-Matrizen voller Einsen.

A.15 Zufallsmatrix mit gleichverteilten Einträgen:

`rand(m,n)`, `rand(m)`

erzeugt m × n- bzw. m × m-Matrizen mit i.i.d. zufällig gleichverteilten Einträgen aus dem Intervall $[0, 1]$.

A.16 Zufallsmatrix mit normalverteilten Einträgen:

`randn(m,n)`, `randn(m)`

erzeugt m × n- bzw. m × m-Matrizen mit i.i.d. standard-normalverteilten Einträgen.

A.17 Indexvektoren:

`j:k`, `j:s:k`

sind die Zeilenvektoren `[j,j+1,...,k-1,k]` bzw. `[j,j+s,...,j+m*s]` mit

$$m = \lfloor (k-j)/s \rfloor.$$

A.18 Komponenten:

`A(j,k)`

ist das Element der Matrix `A` in der j-ten Zeile und k-ten Spalte.

A.19 Untermatrizen:

`A(j1:j2,k1:k2)`

ist die Untermatrix von `A`, in der die Zeilenindizes von j1 bis j2 und die Spaltenindizes von k1 bis k2 laufen.

`A(j1:j2,:)`, `A(:,k1:k2)`

sind die Untermatrizen, welche aus den Zeilen j1 bis j2 bzw. den Spalten k1 bis k2 der Matrix `A` bestehen.

A.20 Matrix als Vektor:

`v = A(:)`

fügt die Spalten von $A \in \mathbb{K}^{m \times n}$ untereinander zu einem Spaltenvektor $v \in \mathbb{K}^{mn}$.

A.21 Schlussindex:

`x(end)`

ist die letzte Komponente des Vektors x und

`A(end,:)`, `A(:,end)`

sind die letzte Zeile bzw. Spalte der Matrix `A`.

A.22 Dreiecksmatrizen:

`tril(A), triu(A)`

erzeugt aus dem unteren bzw. oberen Dreieck von `A` gebildete Matrix.

A.23 Dimensionen einer Matrix:

`size(A,1)` bzw. `size(A,2)`

ist die Zeilen- bzw. Spaltenanzahl der Matrix `A`;

`size(A)`

liefert den Zeilenvektor [*Zeilenzahl,Spaltenzahl*].

A.24 Dimension eines Vektors:

`length(x)`

liefert die Dimension des Spalten- oder Zeilenvektors x.

Funktionen

A.25 Die Definition einer Matlab-Funktion `myfunc` beginnt mit der Zeile

`function [o_1,o_2,...,o_n] = myfunc(i_1,i_2,...,i_m)`

wobei `i_1,i_2,...,i_m` die Input- und `o_1,o_2,...,o_n` die Output-Variablen bezeichnet. Die Funktion wird als File `myfunc.m` im Arbeitsverzeichnis abgespeichert. Der Aufruf geschieht in der Kommandozeile (oder in weiteren Funktionsdefinitionen) durch:

`[o_1,o_2,...,o_n] = myfunc(i_1,i_2,...,i_m)`

Output-Variablen können ignoriert werden, indem sie am Ende weggelassen werden oder (vorne und in der Mitte) durch den Platzhalter '~' ersetzt werden:

`[~,o_2] = myfunc(i_1,i_2,...,i_m)`

Gibt es nur eine Output-Variable, so lässt man die eckigen Klammern weg:

`o_1 = myfunc(i_1,i_2,...,i_m)`

A.26 Funktionshandle:

```
f = @myfunc;
[o_1,o_2,...,o_n] = f(i_1,i_2,...,i_m)
```

Der Funktionshandle wird mit dem '@'-Zeichen erzeugt und kann einer Variablen zugewiesen werden, die sich dann wie die Funktion verhält.

A.27 Anonyme Funktionen:

```
f = @(i_1,i_2,...,i_m) Ausdruck;
```

erzeugt einen Handle für eine Funktion, die `i_1,i_2,...,i_m` den Wert von *Ausdruck* zuweist. Der Aufruf erfolgt dann in der Form

```
o_1 = f(i_1,i_2,...,i_m)
```

Ablaufsteuerung

A.28 Verzweigungen:

```
if Ausdruck
    Anweisungen
elseif Ausdruck
    Anweisungen
else
    Anweisungen
end
```

Die Anweisungen werden ausgeführt, wenn der Realteil aller Einträge des (matrix-wertigen) Ausdrucks von Null verschieden ist; 'elseif' und 'else' sind optional, es können mehrere 'elseif' benutzt werden.

A.29 for-Schleifen:

```
for Variable = Vekor
    Anweisungen
end
```

führt *Anweisungen* wiederholt aus, wobei der Reihe nach der *Variable* der Wert der Komponenten vom *Vektor* zugewiesen wird.

A.30 while-Schleifen:

```
while Ausdruck
    Anweisungen
end
```

führt *Anweisungen* wiederholt solange aus, wie der Realteil aller Einträge des (matrixwertigen) Ausdrucks von Null verschieden ist.

A.31 'break' bricht eine for- oder while-Schleife ab.

A.32 'continue' springt in die nächste Instanz einer for- oder while-Schleife.

A.33 'return' verlässt die aktuelle Funktion.

Logische Funktionen

A.34 Vergleiche:

```
A == B, A ~= B, A <= B, A >= B, A < B, A > B
```

komponentenweise Vergleiche von Matrizen; 1 steht für 'wahr' und 0 für 'falsch'.

A.35 Test auf „alle" oder „wenigstens ein" wahres Element:

```
all(A<B), any(A<B)
```

testet ob alle Vergleiche zutreffen bzw. wenigstens einer; entsprechend auch für die anderen Möglichkeiten ==, ~=, <=, >=, >.

A.36 Logische Verknüpfungen:

```
a && b, a || b
```

Logisches 'und' und 'oder' der beiden skalaren Werte a und b. Jeder Wert ungleich Null wird als 'wahr', die Null als 'falsch' aufgefasst; das Ergebnis ist 0 oder 1.

A.37 Negation:

```
~Ausdruck, not(Ausdruck)
```

liefern die logische Negation vom *Ausdruck*.

A.38 Test auf leere Matrix:

```
isempty(A)
```

ist 1 falls die Matrix A leer ist, ansonsten 0.

Komponentenweise Operationen

A.39 Komponentenweise („punktweise") Multiplikation, Division und Potenz:

```
A.*B, A./B, A.^2, A.^B
```

A.40 Komponentenweise Funktionen:

```
abs(A), sqrt(A), sin(A), cos(A)
```

B Julia – eine moderne Alternative zu MATLAB

B.I Seit 2012 wird von einer Gruppe um den Mathematiker Alan Edelman am MIT die hochperformante, expressive und dynamische Programmiersprache Julia (Opensource mit MIT/GPL Lizenz) entwickelt, die sich sowohl für die Erfordernisse des Wissenschaftlichen Rechnens als auch für allgemeine Programmieraufgaben eignet. Durch ein modernes Design mit Elementen wie

- JIT-Kompilation unter Verwendung von LLVM,[85]

- parametrischen Typen und Typinferenz zur Kompilierzeit,

- Objektorientierung auf Basis von Multiple-Dispatch,

- Homoikonizität und „hygienische" Makroprogrammierung,

- der Möglichkeit, C- und Fortran-Bibliotheken direkt aufzurufen,

verbindet sie die Expressivität von Programmiersprachen wie MATLAB und Python mit der Performanz von Programmiersprachen wie C, C++ und Fortran. Für genauere Erklärungen und zur Einführung empfehle ich die Lektüre von

> J. Bezanson, A. Edelman, S. Karpinski, V. B. Shah: *Julia: A Fresh Approach to Numerical Computing*, SIAM Review 59, 65–98, 2017.

Eine weltweite, äußerst aktive Entwicklercommunity hat die Funktionalität von Julia um mittlerweile 2000 Zusatzpakete erweitert, Julia bahnt sich damit unter den intensiv beobachteten Programmiersprachen konsequent den Weg nach vorne. Durch das moderne Konzept, die hohe Performanz und die freie Zugänglichkeit stellt Julia bereits jetzt eine hochinteressante Alternative dar und könnte mit steigender Verbreitung MATLAB im universitären Unterricht ablösen.

Als kleine Hilfestellung für den sehr empfehlenswerten Umstieg liste ich in diesem Anhang sämtliche MATLAB-Programme des Buchs noch einmal für die im August 2018 ausgelieferte Version Julia 1.0 und werde dabei insbesondere auf die Vorteile und Unterschiede näher eingehen.[86] **Für das Folgende ist wichtig, vorab einige der mitgelieferten Basispakete von Julia zu laden:**

```
using LinearAlgebra, Statistics, Random
```

Vielfältige Details finden sich im rund 1000-seitigen Manual, das auch gezielt über die daraus extrahierte Hilfefunktion zugänglich ist:

```
?Befehl
```

---

[85] „Low Level Virtual Machine", eine modulare Compiler-Unterbau-Architektur bestehend aus einem virtuellen Befehlssatz, einer virtuellen Maschine und einem übergreifend optimierenden Übersetzungskonzept. LLVM ist auch die Basis für den hochoptimierenden C-Compiler Clang.

[86] Zum schnellen Testen lässt sich Julia übrigens unter juliabox.com ohne jede Installation direkt im Browser serverbasiert ausführen.

B.2 Julias Sprachelemente zur numerischen linearen Algebra sind lose an MAT-LAB angelehnt. Ein *syntaktischer* Unterschied zu MATLAB besteht in der Verwendung eckiger statt runder Klammern für die Indizierung von Matrizen:

```
A[j,k], A[j1:j2,k1:k2], A[j1:j2,:], A[:,k1:k2], A[:]
```

Im Gegensatz zu MATLAB werden in Julia Vektoren und Spaltenvektoren (wie auch 1×1 Matrizen und Skalare) *nicht* identifiziert, sondern als verschiedene Typen behandelt (Typunterschiede führen zu unterschiedlich kompilierten Programmen und erhöhen so erheblich die Geschwindigkeit von Julia, da Typen nicht mehr zur Laufzeit geprüft werden müssen). Bei Spaltenvektoren fällt das in der Praxis kaum auf, da Matrix-Vektor-Produkte mit Matrix-Spaltenvektor-Produkten kompatibel sind. Man muss aber bei *Zeilenvektoren* aufpassen, da die Ausdrücke

```
A[:,k], A[j,:]
```

beide einen Vektor aus den entsprechenden Komponenten der entsprechenden Spalte und Zeile der Matrix A erzeugen. Explizite Erzeugung eines Spalten- oder Zeilenvektors erfordert die folgende Syntax:

```
A[:,k:k], A[j:j,:]
```

Die Tabelle aus §3.2 sieht für Julia daher wie folgt aus:

Bedeutung	Formel	Julia
Komponente von x	ξ_k	`x[k]`
Komponente von A	α_{jk}	`A[j,k]`
Spaltenvektor von A	a^k	`A[:,k]` bzw. `A[:,k:k]`
Zeilenvektor von A	a'_j	`A[j:j,:]`
Untermatrix von A	$(\alpha_{jk})_{j=m:p,k=n:l}$	`A[m:p,n:l]`
Adjungierte von A	A'	`A'`
Matrixprodukt	AB	`A*B`
Identität	$I \in \mathbb{K}^{m \times m}$	`Matrix{K}(I,m,m)`
Nullmatrix	$0 \in \mathbb{K}^{m \times n}$	`zeros(K,m,n)`

Der Typ K steht für `Float32`, `Complex{Float32}`, `Float64` oder `Complex{Float64}`.

B.3 Ein wesentlicher *semantischer* Unterschied zwischen MATLAB und Julia besteht in der Übergabe von Matrizen bei Zuweisungen oder Funktionsaufrufen. Julia übergibt nämlich Referenzen an Objekte („call by reference"), so dass im Folgenden die Variablen A und B beide auf die *gleiche* Matrix im Speicher verweisen:

```
1  >> A = [1 2; 3 4];
2  >> B = A;
3  >> B[1,1] = -1;
4  >> A[1,1]
5  -1
```

MATLAB hingegen übergibt (d.h., kopiert) die Werte („call by value") und hätte in dem Beispiel den ursprünglichen Wert 1 für A(1,1) zurückgegeben. In Julia erreicht man dieses Verhalten durch das Anlegen einer expliziten Kopie:

```
B = copy(A)
```

B.4 Wie MATLAB legt auch Julia bei Indizierungen wie z.B. A[:,k:k] eine Kopie an (hier also die einer $m \times 1$-Untermatrix) bietet aber darüberhinaus mit den Varianten view(A,:,k:k) als $m \times 1$-Matrix und view(A,:,k) als m-Vektor sogenannte direkte *Views* in den Speicher von A. Alternativ kann man auch das Makro @view verwenden:

```
1 x = A[:,k] # Vektor x ist eine Kopie der k-ten Spalte von A
2 y = @view A[:,k] # Vektor y ist mit der k-ten Spalte von A im Speicher identisch
```

Diese Views sparen neben Speicherplatz oft auch Laufzeit, da auf unnötige Kopieroperationen verzichtet werden kann.

B.5 Matrixmultiplikation

Bemerkung. Für $\mathbb{K} = \mathbb{C}$ lautet die erste Zeile jeweils C = zeros(Complex{Float64},m,p).

Programm 1 (Matrixprodukt: spaltenweise).

```
1 C = zeros(m,p)
2 for l=1:p
3   C[:,l] = A*B[:,l]
4 end
```

Programm 2 (Matrixprodukt: zeilenweise).

```
1 C = zeros(m,p)
2 for j=1:m
3   C[j:j,:] = A[j:j,:]*B
4 end
```

Da Julia für das Zeilenvektor-Matrix-Produkt in Programmzeile 3 die BLAS-Routine xGEMM für die Matrix-Matrix-Multiplikation aufruft, lässt sich die Version durch explizite Verwendung der BLAS-Routine xGEMV für die Matrix-Vektor-Multiplikation (mit gesetztem Transpositionsflag 'T') beschleunigen:[87]

Programm 2 (Matrixprodukt: zeilenweise, schnellere Version).

```
1 C = zeros(m,p)
2 for j=1:m
3   C[j,:] = BLAS.gemv('T',B,A[j,:])
4 end
```

---

[87]Das LinearAlgebra-Paket von Julia besitzt mit BLAS.xyz und LAPACK.xyz sehr bequeme Interfaces zum Aufruf einer BLAS- oder LAPACK-Routine 'xyz'.

Programm 3 (Matrixprodukt: innere Produkte).

```
1  C = zeros(m,p)
2  for j=1:m
3    for l=1:p
4      C[j:j,l] = A[j:j,:]*B[:,l]
5    end
6  end
```

Diese Version lässt sich deutlich beschleunigen, wenn Julia explizit eine BLAS-1-Routine verwendet und keine Kopien der Zeilen- und Spaltenvektoren anlegt:

Programm 3 (Matrixprodukt: innere Produkte, schnellere Version).

```
1  C = zeros(m,p)
2  for j=1:m
3    for l=1:p
4      C[j,l] = dot(conj(view(A,j,:)),view(B,:,l))
5    end
6  end
```

Bemerkung. Beachte, dass dot für $\mathbb{K} = \mathbb{C}$ den ersten Faktor komplex konjugiert.

Programm 4 (Matrixprodukt: äußere Produkte).

```
1  C = zeros(m,p)
2  for k=1:n
3    C += A[:,k]*B[k:k,:]
4  end
```

Da Julia für das äußere Produkt eine Matrix-Matrix-Multiplikation aufruft, lässt sich das Programm durch die passende Level-2-BLAS-Routine xGER beschleunigen:

Programm 4 (Matrixprodukt: äußere Produkte, schnellere Version für reelle Matrizen).

```
1  C = zeros(m,p)
2  for k=1:n
3    BLAS.ger!(1.0,A[:,k],B[k,:],C)  # Aufruf von xGER in situ
4  end
```

Bemerkung. Julia verwendet ein '!' am Ende eines Namens, wenn die Routine *in situ* abläuft und dabei wenigstens ein Argument *überschreibt*. So führt BLAS.ger!(alpha,x,y,A) den Rang-1-Update $A + \alpha xy' \to A$ im Speicherplatz von A aus.

Aufgabe. Ändere das Programm so, dass es für komplexe Matrizen lauffähig bleibt.

Programm 5 (Matrixprodukt: komponentenweise).

```
1  C = zeros(m,p)
2  for j=1:m
3    for l=1:p
4      for k=1:n
5        C[j,l] += A[j,k]*B[k,l]
6      end
7    end
8  end
```

Dank des extrem effektiven JIT-Compilers (der nativen Maschinencode erzeugt) ist die komponentenweise Multiplikation in Julia deutlich schneller als in MATLAB und fast schon so schnell wie in C. Die volle Geschwindigkeit von C erreicht man, indem Julia durch die Compilerdirektive @inbounds mitgeteilt wird, dass das Programm die Korrektheit der Indizes garantiert und Julia daher auf eine entsprechende Zulässigkeitsprüfung verzichten darf:

Programm 5 (Matrixprodukt: komponentenweise, schnellere Variante).

```
1  C = zeros(m,p)
2  for j=1:m
3    for l=1:p
4      for k=1:n
5        @inbounds C[j,l] += A[j,k]*B[k,l]
6      end
7    end
8  end
```

Die Laufzeiten zeigen, dass Julia gegenüber MATLAB insbesondere dann deutliche Geschwindigkeitsvorteile besitzt, wenn Schleifen im Spiel sind, hier wird die volle Geschwindigkeit einer kompilierten Sprache wie C erreicht. Wir erhalten nämlich in Ergänzung von Tabelle 3.4:[88]

Programm	BLAS-Level	MATLAB [s]	C & BLAS [s]	Julia [s]
A * B	3	0.025	0.024	0.024
spaltenweise	2	0.18	0.17	0.17
zeilenweise	2	0.19	0.17	0.66 │ 0.17
äußere Produkte	2	1.1	0.24	5.2 │ 0.24
innere Produkte	1	3.4	1.3	5.5 │ 1.3
komponentenweise	0	7.2	1.3	2.4 │ 1.3

B.6 Laufzeiten werden mit den Makros @time und @elapsed gemessen, dabei schleift ersteres das Ergebnis der Anweisungen durch und druckt die Zeit auf den Schirm aus, während letzteres die Zeit (in Sekunden) selbst weiterreicht und ansonsten „stumm" bleibt:

```
ergebnis = @time Anweisungen
laufzeit = @elapsed Anweisungen
```

Genauere Messungen führt man mit dem Paket BenchmarkTools durch, das bei kurzen Laufzeiten automatisch Mittelwerte über mehrere Durchläufe bildet.

Die Anzahl der lokalen Prozessorthreads, welche die BLAS-Routinen parallel verwenden können, lässt sich bei Julia bequem einstellen:

```
BLAS.set_num_threads(Anzahl der Threads)
```

---

[88]Laufzeitmessungen erfolgten auf einem 2017 MacBook Pro 13" mit 3.5 GHz Intel Core i7 Prozessor.

B.7 Vorwärtssubstitution zur Lösung von $Lx = b$

Programm 6.

```
1  x = similar(b)  # Vektor gleicher Größe und gleichen Typs (reell/komplex) wie b
2  for k=1:m
3      x[k:k] = (b[k:k] - L[k:k,1:k-1]*x[1:k-1])/L[k,k]
4  end
```

Bemerkung. Wir bemerken die konsequente Verdopplung des Index k: Das Produkt

$$\texttt{L[k:k,1:k-1]*x[1:k-1]}$$

aus Zeilenvektor und Vektor liefert in Julia nämlich ein Ergebnis vom Typ Vektor (in $\mathbb{K}^1$), wohingegen die Komponenten b[k], x[k] vom Typ Skalar sind. Eine „Typ-Promotion" von Vektoren aus $\mathbb{K}^1$ und Matrizen aus $\mathbb{K}^{1\times1}$ zu Skalaren aus $\mathbb{K}$ ist bei Zuweisungen in Julia aber nicht vorgesehen. Wir müssen daher b[k:k] und x[k:k] schreiben, um den richtigen Datentyp sicherzustellen. Eine Alternative besteht in der Verwendung des Befehls dot (wobei für $\mathbb{K} = \mathbb{C}$ die komplexe Konjugation im ersten Faktor kompensiert werden muss):

```
1  x = similar(b)
2  for k=1:m
3      x[k] = (b[k] - dot(conj(L[k,1:k-1]),x[1:k-1]))/L[k,k]
4  end
```

In situ sieht die erste Variante dann so aus:

Programm 7 (Vorwärtssubsition für $x \leftarrow L^{-1}x$).

```
1  for k=1:m
2      x[k:k] -= L[k:k,1:k-1]*x[1:k-1]
3      x[k] /= L[k,k]
4  end
```

Auch in Julia lautet der Befehl zur Lösung von Dreieckssystemen der Form $Lx = b$ bzw. $Rx = b$ kurz und knapp (und genau wie MATLAB analysiert Julia dabei zunächst die Struktur der Matrix):

```
x = L\b,  x = R\b
```

B.8 Kodieren wir in Julia eine Permutation $\pi \in S_m$ mit $\mathrm{p} = [\pi(1), \ldots, \pi(m)]$, so lassen sich die Zeilen- und Spaltenpermutationen $P'_\pi A$ bzw. AP_π durch

```
A[p,:],  A[:,p]
```

ausdrücken. Die Permutationsmatrix P_π selbst erhält man dann wie folgt:

```
E = Matrix(I,m,m),  P = E[:,p]
```

In Julia ist das Symbol I für eine *universelle* Einheitsmatrix reserviert (siehe die Rekonstruktion des L-Faktors in §B.9 und das Programm in §B.22) und sollte daher besser nicht überschrieben werden.

B.9 Die Dreieckszerlegung lautet in der *in situ* Variante ohne Pivotisierung:

Programm 8 (Dreieckszerlegung von A ohne Pivotisierung).

```
1  for k=1:m
2    A[k+1:m,k]   /= A[k,k]                          # (7.1b)
3    A[k+1:m,k+1:m] -= A[k+1:m,k]*A[k:k,k+1:m]        # (7.1c)
4  end
```

Die Rekonstruktion der Faktoren L und R erfolgt sodann mit den Befehlen:

```
5  L = tril(A,-1) + I
6  R = triu(A)
```

Hierbei werden aber *Kopien* der Daten aus der Matrix A angelegt und als volle Matrizen (d.h. etwa zur Hälfte Nullen) abgespeichert. Effektiver ist der direkte *View* in den Speicher von A in Form einer Datenstruktur für (unipotente) Dreiecksmatrizen, mit der sich jedoch genau wie mit anderen Matrizen rechnen lässt:

```
5  L = UnitLowerTriangular(A)
6  R = UpperTriangular(A)
```

Mit Pivotisierung sieht das Ganze wie folgt aus:

Programm 9 (Dreieckszerlegung von A mit Pivotisierung).

```
1  p = collect(1:m)      # Initialisierung des Permutationsvektors
2  for k=1:m
3    j = argmax(abs.(A[k:m,k])); j = k-1+j          # Pivotsuche
4    p[[k,j]] = p[[j,k]]; A[[k,j],:] = A[[j,k],:]    # Zeilenvertauschung
5    A[k+1:m,k]   /= A[k,k]                          # (7.2d)
6    A[k+1:m,k+1:m] -= A[k+1:m,k]*A[k:k,k+1:m]        # (7.2e)
7  end
```

Die Dreiecksfaktoren der Matrix `A[p,:]` werden genau wie eben rekonstruiert. Peak-Performance erreicht man mit dem Julia-Interface zu `xGETRF`:

```
L, R, p = lu(A)
```

B.10 In Julia lautet die Lösung $X \in \mathbb{K}^{m \times n}$ des Systems $AX = B \in \mathbb{K}^{m \times n}$ daher:

```
1  L, R, p = lu(A)
2  Z = L\B[p,:]
3  X = R\Z
```

oder völlig *äquivalent*, wenn wir die Zerlegung $P'A = LR$ nicht weiter benötigen:

```
X = A\B
```

Alternativ (und ohne Reminiszenz an MATLAB) bietet Julia den Datentyp `LU` zur Speicherung der Faktorisierung an:

```
F = lu(A) # lu(A,Val(false)) unterbindet die Pivotisierung
L = F.L; R = F.U; p = F.p
```

Damit lässt sich nun jedes System der Form $AX = B$ ohne erneute Faktorisierung von A kurz und knapp wie folgt lösen:

```
X = F\B
```

Bemerkung. Wird die Matrix A nach der Faktorisierung selbst nicht mehr benötigt, so kann man Speicherplatz einsparen und die Dreieckszerlegung wie in §7.4 *in situ* ausführen:

```
F = lu!(A)
```

Die Variable A enthält danach die kompakt gespeicherten Dreiecksfaktoren von A.

B.11 Das Programm zur Cholesky-Zerlegung lautet für eine Ausführung *in situ*:

Programm 10 (Cholesky-Zerlegung von A).

```
1  L = LowerTriangular(A)
2  for k=1:m
3    lk = L[1:k-1,1:k-1]\A[1:k-1,k]   # (8.1b)
4    L[k,1:k-1] = lk'                 # (8.1a)
5    L[k,k] = sqrt(A[k,k] - dot(lk,lk)) # (8.1c)
6  end
```

Dabei wird das untere Dreieck von A in L überführt, das obere (ohne die Diagonale) bleibt unberührt.

Peak-Performance erreicht man mit dem Interface zu xPOTRF:

```
F = cholesky(A)
L = F.L, R = F.U # es ist R = L'
```

Dabei besitzt die Variable F den Datentyp `Cholesky`. Wenn ein lineares System der Form $AX = B$ gelöst werden soll, geht man wie folgt vor (die Faktorisierung lässt sich so auch bequem wiederverwenden):[89]

```
F = cholesky(A) # F = cholesky!(A) überschreibt A in situ mit der Zerlegung
X = F\B # Lösung der Gleichungssysteme
```

B.12 *In situ* sieht der MGS-Algorithmus zur QR-Zerlegung wie folgt aus:

Programm 11 (QR-Zerlegung mit MGS-Algorithmus).

```
1  R = zeros(n,n) # für K = C: R = zeros(Complex{Float64},n,n)
2  for k=1:n
3    R[k,k] = norm(A[:,k])
4    A[:,k] /= R[k,k]
5    R[k:k,k+1:n] = A[:,k]'*A[:,k+1:n]
6    A[:,k+1:n] -= A[:,k]*R[k:k,k+1:n]
7  end
```

Hier findet sich der Q-Faktor zum Schluss in der Variable A.

---

[89]X = A\B verwendet nämlich *nicht* die Cholesky-Zerlegung von A, siehe die Bemerkung in B.18.

Die (in der Regel *nicht* normierte) *QR*-Zerlegung mit dem Household-Verfahren erfolgt kompakt mit einem Interface zu LAPACK, wobei Julia elegant den Zugriff auf die in §9.8 erwähnte implizite Darstellung[90] der Matrix *Q* ermöglicht:

```
1  F = qr(A)         # F = qr!(A) überschreibt A in situ mit der Zerlegung
2  Q = F.Q           # besitzt den Typ LinearAlgebra.QRCompactWYQ
3  R = F.R           # Auslesen des R-Faktors
```

Bemerkung. Die Objektorientierung von Julia erlaubt Matrix-Vektor-Multiplikationen `Q*x` etc. auch für ein `Q` vom hier verwendeten Typ `LinearAlgebra.QRCompactWYQ`; die Details werden vor dem Nutzer vollständig versteckt. Sollte tatsächlich Bedarf bestehen, so ist der (reduzierte) unitäre Faktor $Q \in \mathbb{K}^{m \times n}$ nachträglich als gewöhnliche Matrix darstellbar:

```
5  Q = Matrix(F.Q)  # kostet mehr Laufzeit als die Faktorisierung F=qr(A)
```

B.13 Analyse 1 aus §§14.1–14.2: *Quadratische Gleichung*

```
1  >> p = 400000.; q = 1.234567890123456;
2  >> r = sqrt(p^2+q); x0 = p - r
3  -1.543201506137848e-6
4  >> r^2 - p^2
5  1.23455810546875
6  >> x1 = p + r;
7  >> x0 = -q/x1
8  -1.5432098626513432e-6
```

B.14 Analyse 2 aus §§14.3–14.4: *Auswertung von* $\log(1 + x)$

```
1  >> x = 1.234567890123456e-10;
2  >> w = 1+x; f = log(w)
3  1.2345680033069662e-10
4  >> w-1
5  1.234568003383174e-10
6  >> f = log(w)/(w-1)*x
7  1.234567890047248e-10
8  >> log1p(x)
9  1.234567890047248e-10
```

B.15 Analyse 3 aus §§14.5–14.6: *Stichprobenvarianz*

```
1  >> x = [10000000.0; 10000000.1; 10000000.2]; m = length(x);
2  >> S2 = (sum(x.^2) - sum(x)^2/m)/(m-1)
3  -0.03125
4  >> xbar = mean(x); S2 = sum((x.-xbar).^2)/(m-1)
5  0.009999999925494194
6  >> var(x)
7  0.009999999925494194
```

---

[90]Genauer gesagt benutzt Julia wie LAPACK die *kompakte WY*-Darstellung von *Q*, siehe R. Schreiber, C. F. Van Loan: *A storage-efficient WY representation for products of Household transformations.* SIAM J. Sci. Stat. Comput. 10, 53–57, 1989.

```
8 >> kappa = 2*dot(abs.(x.-xbar),abs.(x))/S2/(m-1)
9 2.000000027450581e8
```

B.16 Julia besitzt ein Interface zur Konditionsschätzung xGECON von LAPACK:

```
1 cond(A,1)    # Schätzung von κ₁(A)
2 cond(A,Inf)  # Schätzung von κ∞(A)
```

Um eine vorliegende Dreieckszerlegung der Matrix A gewinnbringend wieder zu verwenden, nutzen wir die Möglichkeiten zum Multiple-Dispatch:

```
1 import LinearAlgebra.cond
2 cond(F::LU, normA::Real, p::Number) =
3   inv(LAPACK.gecon!(p==1 ? '1' : 'I', F.factors, normA)) # p = 1 oder Inf
```

Die Konditionsschätzung sieht dann wie folgt aus:

```
1 F = lu(A)                 # Dreieckszerlegung von A
2 p = Inf                   # alternativ: p = 1
3 normA = opnorm(A,p)       # Berechnung der Matrixnorm ‖A‖ₚ
4 cond(F,normA,p)           # Schätzung von κₚ(A)
```

B.17 Das in §15.10 behandelte Beispiel der Instabilität der Dreieckszerlegung mit Spaltenpivotisierung für die Wilkinson-Matrix lautet in Julia:

```
1  >> rng = MersenneTwister(123) # sichere die Reproduzierbarkeit
2  >> m = 25;
3  >> A = 2I - tril(ones(m,m)); A[:,m] .= 1.0; # Wilkinson-Matrix
4  >> b = randn(rng, m);      # reproduzierbare rechte Seite
5  >> F = lu(A);              # Dreieckszerlegung mit Spaltenpivotisierung
6  >> x = F\b;                # Substitutionen
7  >> r = b - A*x;            # Residuum
8  >> normA = opnorm(A,Inf)   # Matrixnorm ‖A‖∞
9  >> omega = norm(r,Inf)/(normA*norm(x,Inf)) # Rückwärtsfehler (15.1)
10 2.6960071380884023e-11
```

Auch hier zum Vergleich eine rückwärtsstabile Berechnung mit QR-Zerlegung:

```
10 >> F_qr = qr(A);          # QR-Zerlegung
11 >> x_qr = F_qr\b;         # Substitutionen
12 >> r_qr = b - A*x_qr;     # Residuum
13 >> omega_qr = norm(r_qr,Inf)/(normA*norm(x_qr,Inf)) # Rückwärtsfehler
14 7.73422676915891e-17
15 >> cond(F,normA,Inf)      # Schätzung der Kondition κ∞(A) mit dem Befehl aus §B.16
16 25.0
17 >> norm(x-x_qr,Inf)/norm(x,Inf) # relative Abweichung beider Lösungen
18 4.848331004768702e-10
```

Diese Genauigkeit passt wiederum gut zur Vorwärtsfehlerabschätzung (15.3):

$$\kappa_\infty(A)\omega(\hat{x}) \approx 25 \times 2.7 \cdot 10^{-11} \approx 6.8 \cdot 10^{-10}.$$

Wie in §15.13 erläutert, repariert ein einziger Schritt der Nachiteration die Instabilität der Dreieckszerlegung mit Spaltenpivotisierung. Beachte, dass die bereits berechnete Dreieckszerlegung F elegant weiterverwendet wird:

```
19  >> w = F\r;
20  >> x = x + w; r = b - A*x;
21  >> omega = norm(r,Inf)/(normA*norm(x,Inf))
22  7.031115244689928e-18
23  >> norm(x-x_qr,Inf)/norm(x,Inf)
24  1.582000930055234e-15
```

Zum Vergleich: der *unvermeidbare* Ergebnisfehler liegt hier bei $\kappa_\infty(A) \cdot \epsilon_{mach} \approx 2 \cdot 10^{-15}$.

B.18 Das Läuchli-Beispiel aus §16.5 lautet in Julia:

```
1  >> e = 1e-7; # ε = 10⁻⁷
2  >> A = [1 1; e 0; 0 e]; b = [2; e; e]; # Läuchli-Beispiel
3  >> F = cholesky(A'A); # Lösung der Normalengleichung mit Cholesky-Zerlegung
4  >> x = F\(A'b)          # Substitutionen
5  2-element Array{Float64,1}:
6   1.01123595505618
7   0.9887640449438204
```

Bemerkung. Die Lösung der Normalengleichung direkt mit dem \-Befehl, also ohne explizite Verwendung der Cholesky-Zerlegung, liefert hingegen zufällig[91] die „korrekte" Lösung:

```
7  >> x = (A'A)\(A'b)   # Lösung der Normalengleichung
8  2-element Array{Float64,1}:
9   1.0000000000000002
10  1.0
```

Der Vergleich mit §16.5 zeigt daher, dass sich der \-Befehl für selbstadjungierte Matrizen in Julia anders verhält als in MATLAB:

- Julia verwendet für solche Matrizen nämlich *grundsätzlich* die LAPACK-Routine xSYTRF, die eine symmetrische Variante der Dreieckszerlegung mit Pivotisierung verwendet, nämlich in Form der *Bunch–Kaufman–Parlett-Zerlegung*

$$P'AP = LDL'.$$

  Hier steht die Permutationsmatrix P für eine diagonale Pivotisierung, L bezeichnet eine untere Dreiecksmatrix und D eine aus 1×1 oder 2×2-Blöcken gebildete Block-Diagonalmatrix. Zwar kostet sie wie die Cholesky-Zerlegung in führender Ordnung nur $m^3/3$ flops, ist aber für s.p.d. Matrizen wegen des Overheads der Pivotisierung weniger BLAS-optimierbar und langsamer als diese.

- MATLAB hingegen *probiert* für solche Matrizen im Fall einer positiven Diagonalen zunächst aus, ob eine Cholesky-Zerlegung erfolgreich berechnet werden kann (die Matrix also s.p.d. ist); anderenfalls wird wie in Julia xSYTRF verwendet.

Da die positive Definitheit einer gegebenen selbstadjungierten Matrix meist aus der Struktur des zugrundeliegenden Problems vorab bekannt ist und die Cholesky-Zerlegung dann gezielt benutzt werden sollte, ist das Vorgehen von Julia für den Rest der Fälle effizienter (man spart sich die dann oft vergebliche Cholesky-Zerlegung „zur Probe").

---

[91] Der Informationsverlust in $A \mapsto A'A$ ist zwar *irreparabel* instabil, dennoch können wir nicht ausschließen, dass einzelne Algorithmen in *konkreten* Beispielen zufällig eine korrekte Lösung liefern, für die man *zuverlässig* eigentlichen einen stabilen Algorithmus benötigen würde. Im Beispiel von Läuchli liefert die Wahl von e = 1e-8 in jedem Fall eine *numerisch singuläre* Matrix $A'A$.

B.19 Die in §17.2 diskutierte Lösung linearer Ausgleichsprobleme lautet in Julia:

Programm 12 (Q-freie Lösung des linearen Ausgleichsproblems).

```
1  R = qr([A b]).R          # R-Faktor der um b erweiterten Matrix A
2  x = R[1:n,1:n]\R[1:n,n+1]  # Lösung von Rx = z
3  rho = abs(R[n+1,n+1])     # Norm des Residuums
```

oder einfach kurz x = A\b. Das Zahlenbeispiel aus §16.5 sieht dann wie folgt aus:

```
1  >> x = A\b
2  2-element Array{Float64,1}:
3   0.9999999999999996
4   1.0000000000000004
```

B.20 Das Beispiel aus §18.3 lässt sich in Julia nicht direkt nachspielen, da die Entwickler von Julia zu Recht keine Notwendigkeit sehen, die instabile und ineffiziente Berechnung von Eigenwerten als Nullstellen des charakteristischen Polynoms zur Verfügung zu stellen. Wir können aber die Essenz des Beispiels mit Hilfe des Zusatzpakets Polynomials vermitteln:

```
1  >> using Polynomials    # Installation: using Pkg; Pkg.add("Polynomials")
2  >> chi = poly(1.0:22.0)  # Polynom mit den Nullstellen 1,2,...,22
3  >> lambda = roots(chi)   # Nullstellen aus monomialer Darstellung von χ
4  >> lambda[7:8]
5  2-element Array{Complex{Float64},1}:
6   15.537409343987026 + 1.1538555215725148im
7   15.537409343987026 - 1.1538555215725148im
```

Die Kondition (absolut im Ergebnis, relativ in den Daten) ergibt sich dann so:

```
1  >> lambda = 15.0
2  >> chi_sh = Poly(abs.(coeffs(chi)))
3  >> kappa = polyval(chi_sh,lambda)/abs.(polyval(polyder(chi),lambda))
4  5.711809187852336e16
```

Es gilt genauso $\kappa(15) \cdot \epsilon_{mach} \approx 6$.

B.21 Die Vektoriteration aus §20.3 lautet in Julia:

Programm 13 (Vektoriteration).

```
1  normA = norm(A)          # speichere ‖A‖_F
2  omega, mu = Inf, NaN     # initialisiere Rückwärtsfehler und EW
3  w = A*v                  # initialisiere w = Av
4  while omega > tol        # Rückwärtsfehler noch zu groß?
5    v = w/norm(w)          # neues v
6    w = A*v                # neues w
7    mu = dot(v,w)          # Rayleigh-Quotient
8    r = w - mu*v           # Residuum
9    omega = norm(r)/normA  # Rückwärtsfehlerschätzung ω̂
10 end
```

B.22 Die inverse Vektoriteration mit Shift aus §20.7 lautet in Julia sehr elegant (beachte die bequeme Wiederverwendung der Dreieckszerlegung F in Zeile 5):

Programm 14 (Vektoriteration).

```
 1  normA = norm(A)                # speichere ‖A‖_F
 2  omega, mu = Inf, NaN           # initialisiere den Rückwärtsfehler
 3  F = lu(A - muShift*I)          # speichere Dreieckszerlegung von A - μI
 4  while omega > tol              # Rückwärtsfehler noch zu groß?
 5      w = F\v                    # löse lineares Gleichungssystem
 6      normW = norm(w)            # ‖w‖_2
 7      z = v/normW                # Hilfsvektor z
 8      v = w/normW                # neues v
 9      rho = dot(v,z)             # Hilfsgröße ρ
10      mu = muShift + rho         # Rayleigh-Quotient
11      r = z - rho*v              # Residuum
12      omega = norm(r)/normA      # Rückwärtsfehlerschätzung ω̃
13  end
```

B.23 In §20.11 haben wir begründet, warum in der Regel ein einziger Schritt der inversen Vektoriteration reicht, um aus einem rückwärtsstabilen EW den zugehörigen EV zu berechnen. Das illustrierende Beispiel sieht in Julia so aus:

```
 1  >> m = 1000; rng = MersenneTwister(123)          # Initialisierungen
 2  >> lambda = collect(1:m) + collect(-5:m-6)*1.0im # vorgegebene Eigenwerte
 3  >> Q = Matrix(qr(randn(rng,m,m)).Q);  # zufällige unitäre Matrix
 4  >> A = Q*Diagonal(lambda)*Q';         # passende normale Matrix
 5  >> mu = 1.0 - 5.0im                   # Shift = bekannter EW
 6  >> v = randn(rng,m); v /= norm(v);    # zufälliger Startvektor
 7  >> w = (A - mu*I)\v                   # ein Schritt inverse Vektoriteration
 8  >> omega = sqrt(m)*norm(A*w-mu*w)/norm(A)/norm(w)
 9  7.675137794066713e-16
```

B.24 Das Programm zur Deflation mittels *QR*-Iteration aus §21.7 lautet in Julia:

Programm 15 (*QR*-Iteration).

```
 1  function QR_Iteration(A)
 2      m, = size(A); U = I                        # Initialisierungen
 3      normA = norm(A)                            # speichere ‖A‖_F
 4      while norm(A[m,1:m-1])>eps()*normA # Rückwärtsfehler noch zu groß?
 5          mu = ...                               # Shift μ_k (siehe §§21.10/21.12)
 6          Q, R = qr(A - mu*I)                    # QR-Zerlegung
 7          A = R*Q + mu*I                         # RQ-Multiplikation
 8          U = U*Q                                # Transformation U_k = Q_1 ⋯ Q_k
 9      end
10      lambda = A[m,m]                            # Eigenwert
11      B = A[1:m-1,1:m-1]                         # deflationierte Matrix
12      w = A[1:m-1,m]                             # Restspalte
13      return lambda, U, B, w
14  end
```

In Programmzeile 5 lautet der Rayleigh-Shift aus §21.10 natürlich mu = A[m,m]; den Wilkinson-Shift aus §21.12 programmiert man hingegen wie folgt:

```
5  mu = eigvals(A[m-1:m,m-1:m]); mu = mu[argmin(abs.(mu.-A[m,m]))]
```

Die Schur'sche Normalform wird schließlich wie in §21.9 berechnet, dabei müssen in Julia die Variablen T und Q als *komplexe* Matrizen initialisiert werden:

Programm 16 (Schur'sche Normalform).

```
1  T = zeros(Complex{Float64},m,m)        # Initialisierungen...
2  Q = Matrix{Complex{Float64}}(I,m,m)    # ... als komplexe Matrizen
3  for k=m:-1:1                           # spaltenweise von hinten nach vorne
4    lambda, U, B, w = QR_Iteration(A)    # Deflation mittels QR-Iteration
5    Q[:,1:k] = Q[:,1:k]*U                # Trafo der ersten k Spalten von Q
6    T[1:k,k+1:m] = U'*T[1:k,k+1:m]       # Trafo der ersten k Restzeilen von T
7    T[1:k,k] = [w; lambda]               # neue k-te Spalte in T
8    A = B                                # weiter mit deflationierter Matrix
9  end
```

B.25 Wir fassen die Julia-Befehle für die Algorithmen aus Kapitel V zusammen.

- Hessenberg-Zerlegung $H = Q'AQ$:

```
1  F = hessenberg(A) # in situ: F = hessenberg!(A)
2  Q = F.Q; H = F.H  # Extraktion
```

Dabei besitzt Q eine *implizite Darstellung* vom Typ LinearAlgebra.HessenbergQ (vgl. die erste Aufgabe in §21.16), die gewohnte explizite Darstellung erhält man mit

```
4  Q = Matrix(F.Q)
```

- Schur'sche Normalform $T = Q'AQ$:

```
1  A = complex(A) # für komplexe Schur-Faktorisierung wie in §
2  F = schur(A)   # in situ: F = schur!(A)
3  T = F.T; Q = F.Z; lambda = F.values # Extraktion
```

Im Vektor lambda findet sich die Diagonale von T, d.h. die EW von A.

- Alleinige Berechnung der EW von A (günstiger als die Schur'sche Normalform, da die unitären Transformationen nicht verwaltet werden müssen):

```
1  lambda = eigvals(A) # in situ: lambda = eigvals!(A)
```

C Normen – Wiederholung und Ergänzung

C.1 $\| \cdot \| : V \to [0, \infty)$ ist *Norm* auf dem Vektorraum V, falls für $v, w \in V$, $\lambda \in \mathbb{K}$:

(1) $\|v\| = 0 \Leftrightarrow v = 0$ (Definitheit)

(2) $\|\lambda v\| = |\lambda| \cdot \|v\|$ (absolute Homogenität)

(3) $\|v + w\| \leqslant \|v\| + \|w\|$ (Subadditivität oder Dreiecksungleichung)

Normen auf $\mathbb{K}^m$ nennen wir *Vektornormen*, solche auf $\mathbb{K}^{m \times n}$ *Matrixnormen*.

C.2 Die Numerik verwendet folgende Vektornormen für $x = (\xi_j)_{j=1:m} \in \mathbb{K}^m$:

- *Summennorm* $\|x\|_1 = \sum_{j=1}^{m} |\xi_j|$;

- *Euklidische Norm* (vgl. §2.9) $\|x\|_2 = \left(\sum_{j=1}^{m} |\xi_j|^2 \right)^{1/2} = \sqrt{x'x}$;

- *Maximumsnorm* $\|x\|_\infty = \max_{j=1:m} |\xi_j|$.

Aufgabe. Zeichne für diese drei Normen die „Einheitskugeln" $\{x : \|x\| \leqslant 1\}$ in $\mathbb{R}^2$.

C.3 Es gelten die *Hölder-Ungleichung* und die *Cauchy–Schwarz-Ungleichung*

$$|x'y| \leqslant \|x\|_1 \cdot \|y\|_\infty, \qquad |x'y| \leqslant \|x\|_2 \cdot \|y\|_2 \qquad (x, y \in \mathbb{K}^m);$$

Die $\| \cdot \|_2$-Norm ist zudem *invariant* unter spalten-orthonormalem $Q \in \mathbb{K}^{m \times n}$:

$$\|Qx\|_2^2 = (Qx)'(Qx) = x' \underbrace{Q'Q}_{=I} x = x'x = \|x\|_2^2 \qquad (x \in \mathbb{K}^n).$$

C.4 Für eine Matrix $A \in \mathbb{K}^{m \times n}$, in Komponenten, Spalten bzw. Zeilen notiert als

$$A = \begin{pmatrix} \alpha_{11} & \cdots & \alpha_{1n} \\ \vdots & & \vdots \\ \alpha_{m1} & \cdots & \alpha_{mn} \end{pmatrix} = \begin{pmatrix} | & & | \\ a^1 & \cdots & a^n \\ | & & | \end{pmatrix} = \begin{pmatrix} - a_1' - \\ \vdots \\ - a_m' - \end{pmatrix}, \qquad \text{(C.1)}$$

definieren wir die *Frobenius-Norm* (auch *Schur-* oder *Hilbert–Schmidt-Norm*)

$$\|A\|_F = \left(\sum_{j=1}^{m} \sum_{k=1}^{n} |\alpha_{jk}|^2 \right)^{1/2} = \left(\sum_{j=1}^{m} \|a_j\|_2^2 \right)^{1/2} = \left(\sum_{k=1}^{n} \|a^k\|_2^2 \right)^{1/2}.$$

Die letzten beiden Ausdrücke lassen sich wegen $\|a_j\|_2^2 = a_j' a_j$ und $\|a^k\|_2^2 = (a^k)' a^k$ auch mit der Spur (engl.: *trace*) der Gram'schen Matrix AA' bzw. $A'A$ schreiben:

$$\|A\|_F^2 = \text{tr}(AA') = \text{tr}(A'A).$$

Da die Spur einer Matrix sowohl die Summe ihrer Diagonalelemente als auch die Summe ihrer Eigenwerte ist, gilt[92]

$$\|A\|_F^2 = \sum_{j=1}^{m} \lambda_j(AA') = \sum_{k=1}^{n} \lambda_k(A'A).$$

---

[92] $\lambda_1(M), \ldots, \lambda_p(M)$ bezeichnen die Eigenwerte der Matrix $M \in \mathbb{K}^{p \times p}$ nach algebraischer Vielfachheit.

C.5 Die Frobenius-Norm besitzt folgende Eigenschaften:

- $\|I\|_F = \sqrt{\mathrm{tr}(I)} = \sqrt{m}$ für die Einheitsmatrix $I \in \mathbb{K}^{m \times m}$;

- *Submultiplikativität* (folgt aus (2.3b) und der Cauchy–Schwarz-Ungleichung)

$$\|A \cdot B\|_F \leqslant \|A\|_F \cdot \|B\|_F \qquad (A \in \mathbb{K}^{m \times n}, B \in \mathbb{K}^{n \times p});$$

- *Invarianz* unter spalten-orthonormalem Q sowie unter Adjunktion

$$\|QA\|_F = \left(\mathrm{tr}(A' \underbrace{Q'Q}_{=I} A) \right)^{1/2} = \|A\|_F, \qquad \|A'\|_F = \|A\|_F.$$

C.6 Eine Vektornorm induziert für $A \in \mathbb{K}^{m \times n}$ eine Matrixnorm gemäß

$$\|A\| = \max_{\|x\| \leqslant 1} \|Ax\| \overset{(a)}{=} \max_{\|x\| = 1} \|Ax\| \overset{(b)}{=} \max_{x \neq 0} \frac{\|Ax\|}{\|x\|}.$$

Bemerkung. Dabei folgen (a) und (b) aus der Homogenität der beiden Vektornormen; das Maximum wird angenommen, da $\{x \in \mathbb{K}^n : \|x\| \leqslant 1\}$ kompakt und $x \mapsto \|Ax\|$ stetig ist.

Für die Einheitsmatrix $I \in \mathbb{K}^{m \times m}$ gilt somit stets $\|I\| = 1$; deshalb ist die Frobenius-Norm für $m, n > 1$ *keine* induzierte Matrixnorm.

C.7 Für induzierte Matrixnormen folgt aus der Definition sofort

$$\|Ax\| \leqslant \|A\| \cdot \|x\| \qquad (x \in \mathbb{K}^n)$$

und damit unmittelbar die *Submultiplikativität*

$$\|AB\| \leqslant \|A\| \cdot \|B\| \qquad (A \in \mathbb{K}^{m \times n}, B \in \mathbb{K}^{n \times p}).$$

Bemerkung. Eine Vektornorm auf $\mathbb{K}^n$ stimmt stets mit der von ihr auf $\mathbb{K}^{n \times 1}$ induzierten Matrixnorm überein; wir dürfen also weiterhin Vektoren und einspaltige Matrizen miteinander *identifizieren*. Die erste Ungleichung ist dann der Spezialfall $p = 1$ der Submultiplikativität.

C.8 Die Numerik benutzt folgende induzierte Matrixnormen für A wie in (C.1):

- *Spaltensummennorm*

$$\|A\|_1 = \max_{\|x\|_1 \leqslant 1} \|Ax\|_1 \overset{(a)}{=} \max_{k=1:n} \|a^k\|_1;$$

- *Zeilensummennorm*

$$\|A\|_\infty = \max_{\|x\|_\infty \leqslant 1} \|Ax\|_\infty \overset{(b)}{=} \max_{j=1:m} \|a_j\|_1;$$

- *Spektralnorm*

$$\|A\|_2 = \max_{\|x\|_2 \leqslant 1} \|Ax\|_2 \overset{(c)}{=} \left(\max_{j=1:m} \lambda_j(AA') \right)^{1/2} \overset{(d)}{=} \left(\max_{k=1:n} \lambda_k(A'A) \right)^{1/2}.$$

Die Invarianz der euklidischen Norm unter spalten-orthonormalem Q induziert[93] sofort die Invarianz

$$\|QA\|_2 = \|A\|_2, \quad \text{also insbesondere } \|Q\|_2 = \|QI\|_2 = \|I\|_2 = 1; \qquad \text{(C.2)}$$

beides macht spalten-orthonormale Matrizen so wichtig für die Numerik.

Aus (a)–(d) folgt für die Adjunktion sofort

$$\|A'\|_1 = \|A\|_\infty, \qquad \|A'\|_\infty = \|A\|_1, \qquad \|A'\|_2 = \|A\|_2. \qquad \text{(C.3)}$$

Bemerkung. Die *Berechnung* der Matrixnormen $\|\cdot\|_1$, $\|\cdot\|_\infty$ und $\|\cdot\|_F$ ist also ganz einfach, die der Spektralnorm $\|\cdot\|_2$ aber vergleichsweise aufwendig: Es muss ein Eigenwertproblem gelöst werden. Weil sie im Wesentlichen jedoch den gleichen Invarianzen genügt, dient die Frobenius-Norm oft als „billiger" Ersatz für die Spektralnorm.

Aufgabe. Zeige für äußere Produkte $\|xy'\|_2 = \|x\|_2\|y\|_2$ (benutzt in §§11.9, 15.2 und 21.7.)

C.9 Die Analysis lehrt, dass in einem *endlichdimensionalen* Vektorraum V alle Normen *äquivalent* sind: Zu $\|\cdot\|_p$ und $\|\cdot\|_q$ gibt es eine Konstante $c_{p,q} > 0$ mit

$$\|v\|_p \leqslant c_{p,q}\|v\|_q \qquad (v \in V).$$

Ein solches $c_{p,q}$ hängt aber von V ab; für Vektor- und Matrixnormen also von der Dimension. Für die Matrixnormen aus §§C.4 und C.8 (bzw. mit $n = 1$ für die Vektornormen aus §C.2) entnehmen wir das bestmögliche $c_{p,q}$ folgender Tabelle:

$p^{\,q}$	1	2	∞	F
1	1	$\sqrt{m}$	m	$\sqrt{m}$
2	$\sqrt{n}$	1	$\sqrt{m}$	1
∞	n	$\sqrt{n}$	1	$\sqrt{n}$
F	$\sqrt{n}$	$\sqrt{r}$	$\sqrt{m}$	1

Hierbei bezeichnet $r = \min(m, n)$.

Aufgabe. Zeige die Gültigkeit der Tabelle. *Hinweis.* Betrachte zunächst $n = 1$ und nutze A'.

C.10 Die Matrix $|A| \in \mathbb{K}^{m \times n}$ bezeichnet die *komponentenweise* Anwendung der Betragsfunktion auf $A \in \mathbb{K}^{m \times n}$; Ungleichungen der Form

$$|A| \leqslant |B| \qquad (A, B \in \mathbb{K}^{m \times n})$$

lesen wir (wie in §§7.9/7.11 eingeführt) *komponentenweise*. Matrixnormen mit

$$\| \, |A| \, \| = \|A\| \qquad \text{bzw.} \qquad |A| \leqslant |B| \; \Rightarrow \; \|A\| \leqslant \|B\|$$

heißen *absolut* bzw. *monoton*.

Beispiel. Die Normen $\|\cdot\|_1$, $\|\cdot\|_\infty$, $\|\cdot\|_F$ sind sowohl absolut als auch monoton; die Spektralnorm $\|\cdot\|_2$ ist beides *nur* im Vektorfall ($m = 1$ oder $n = 1$).

Bemerkung. Für endlichdimensionale Normen gilt ganz allgemein: absolut $\Leftrightarrow$ monoton.

---

[93]Oder man verwendet erneut $(QA)'(QA) = A'Q'QA = A'A$.

C.11 Für Diagonalmatrizen gilt

$$\| \operatorname{diag}(x) \|_p \overset{(a)}{=} \| x \|_\infty \quad (p \in \{1, 2, \infty\}), \qquad \| \operatorname{diag}(x) \|_F = \| x \|_2.$$

Bemerkung. Für *induzierte* Matrixnormen ist (a) äquivalent zur Monotonie (bzw. Absolutheit) der induzierenden Vektornorm.

Aufgabe. Beweise die Äquivalenzen aus den Bemerkungen in §§C.10 und C.11.

Aufgabe. Zeige für normale Matrizen A (vgl. 18.6), dass $\| A \|_2 = \rho(A)$. Dabei ist

$$\rho(A) = \max |\sigma(A)|$$

der *Spektralradius* von A.

Aufgabe. Es sei $P \in \mathbb{K}^{m \times m}$ eine Projektion[94] vom Rang r. Zeige:

- $\| P \|_2 \geqslant 1$;
- $\| P \|_2 = 1$ genau dann, wenn P eine Orthogonalprojektion ist;
- für $0 < r < m$ gilt $\| P \|_2 = \| I - P \|_2$.

Hinweis. Konstruiere ein unitäres U, für das

$$U' P U = \begin{pmatrix} I & S \\ 0 & 0 \end{pmatrix}, \qquad S \in \mathbb{K}^{r \times (m-r)},$$

und folgere, dass $\| P \|_2 = \sqrt{1 + \| S \|_2^2}$.

---

[94]Eine allgemeine Projektion P ist durch $P^2 = P$ definiert. Sie ist orthogonal, falls zusätzlich $P' = P$.

D Das Householder-Verfahren zur QR-Zerlegung

D.1 Wir wollen *spaltenweise* eine volle QR-Zerlegung einer Matrix $A \in \mathbb{R}^{m \times n}$ mit vollem Spaltenrang berechnen. Der erste Schritt lautet mit einem unitären Q_1

$$Q_1' \underbrace{\begin{pmatrix} | & & | \\ a^1 & \cdots & a^n \\ | & & | \end{pmatrix}}_{=A} = \left(\begin{array}{c|c} \rho_1 & * \\ \hline & A_1 \end{array} \right)$$

und danach wird entsprechend mit der Matrix A_1 weitergerechnet.

Aufgabe. Beschreibe vollständig den algorithmischen Ablauf, um so $Q'A = R$ zu berechnen. Zeige, wie sich Q als Produkt aus den unitären Matrizen der Einzelschritte ergibt.

D.2 Wir stehen also vor der Aufgabe, unmittelbar eine volle QR-Zerlegung eines Spaltenvektors $0 \neq a \in \mathbb{R}^{m \times 1}$ zu berechnen:

$$Q'a = \begin{pmatrix} \rho \\ \hline 0 \end{pmatrix} = \rho e_1.$$

D.3 Hierzu setzen wir Q' als *Spiegelung* an einer Hyperebene an, die wir durch einen auf ihr senkrecht stehenden Vektor $v \neq 0$ beschreiben. Eine solche Spiegelung wirkt nun auf einem Vektor $x \in \mathbb{R}^m$, indem das Vorzeichen seiner Komponente in v-Richtung gewechselt wird:

$$\frac{v'x}{v'v} \mapsto -\frac{v'x}{v'v}.$$

Dies bedeutet aber nichts weiter, als dass der Vektor $2\frac{v'x}{v'v}v$ von x abgezogen wird,

$$Q'x = x - 2\frac{v'x}{v'v}v, \qquad Q' = I - \frac{2}{v'v}vv'.$$

Spiegelungen dieser Form heißen in der Numerik *Householder-Reflexionen*.

Aufgabe. Zeige: $Q^2 = I$, $Q' = Q$, $\det Q = -1$, Q ist unitär.

D.4 Wir müssen einen Vektor v finden, für den $Q'a = \rho e_1$ gilt, d.h.

$$a - 2\frac{v'a}{v'v}v = \rho e_1.$$

Da eine Spiegelung (wie jede unitäre Matrix) isometrisch ist, folgt insbesondere

$$|\rho| = \|a\|_2, \qquad v \in \operatorname{span}\{a - \rho e_1\};$$

und da sich die Länge von v in Q' ohnehin herauskürzt, setzen wir schließlich

$$\rho = \pm \|a\|_2, \qquad v = a - \rho e_1.$$

Das Vorzeichen wählen wir nun so, dass v in jedem Fall *auslöschungsfrei* berechnet wird (wobei wir komponentenweise $a = (\alpha_j)_{j=1:m}$ und $v = (\omega_j)_{j=1:m}$ schreiben):

$$\rho = -\operatorname{sign}(\alpha_1)\|a\|_2, \qquad \omega_1 = \alpha_1 - \rho = \operatorname{sign}(\alpha_1)(|\alpha_1| + |\rho|), \qquad \omega_j = \alpha_j \ \ (j > 1).$$

Weiter gilt noch

$$v'v = (a - \rho e_1)'(a - \rho e_1) = \|a\|_2^2 - 2\rho\alpha_1 + \rho^2 = 2\rho^2 - 2\rho\alpha_1 = 2|\rho|(|\rho| + |\alpha_1|)$$

und daher kurz (es ist ja $Q' = Q$)

$$Q = I - ww', \qquad w = v/\sqrt{|\rho|(|\rho| + |\alpha_1|)}, \qquad \|w\|_2 = \sqrt{2}.$$

Aufgabe. Verallgemeinere diese Konstruktion auf den komplexen Fall $a \in \mathbb{C}^m$.

D.5 Die Berechnung der Zerlegung $Q'a = \rho e_1$ kostet daher, sofern nur w und ρ berechnet werden und Q *nicht* explizit als Matrix aufgestellt wird, $\# \text{flop} \doteq 3m$. Die Anwendung von Q auf einen Vektor x, d.h. die Auswertung von

$$Qx = x - (w'x)w,$$

kostet sodann entsprechend $\# \text{flop} \doteq 4m$.

Aufgabe. Zeige: Die Berechnung einer vollen QR-Zerlegung einer Matrix $A \in \mathbb{R}^{m \times n}$ ($m \geqslant n$) mit Householder-Reflexionen kostet (sofern Q wiederum *nicht* explizit aufgestellt wird, sondern nur jeweils die Vektoren w seiner Householder-Faktoren abgespeichert werden)

$$\# \text{flop} \doteq 4 \sum_{k=0}^{n-1} (m - k)(n - k) \doteq 2mn^2 - 2n^3/3.$$

Die Auswertung von Qx oder $Q'y$ kostet jeweils $\# \text{flop} \doteq 4 \sum_{k=0}^{n-1} (m - k) \doteq 4mn - 2n^2$.

E Für Neugierige, Kenner und Könner

Rückwärtsanalyse eines Modells der Nachiteration

E.1 Der Satz von Skeel aus §15.13 lässt sich anhand eines *vereinfachten* Modells recht gut erklären:[95]

> *Allein die Faktorisierung* $P'A = LR$ *werde fehlerbehaftet berechnet, wobei*
>
> $$P'(A + E) = \widehat{L} \cdot \widehat{R}, \qquad \|E\| = O(\gamma(A)\epsilon_{\text{mach}})\|A\|.$$
>
> *Numerische Lösungen* $\hat{u}$ *von* $Au = v$ *erfüllen somit stets* $(A + E)\hat{u} = v$.

Ein Schritt der Nachiteration für $Ax = b$ liefert im Modell ein Ergebnis x_1 gemäß

$$x_0 = \hat{x}, \quad r_0 = b - Ax_0 = Ex_0, \quad (A + E)\hat{w} = r_0, \quad x_1 = x_0 + \hat{w};$$

das Residuum ist $r_1 = b - Ax_1 = r_0 - A\hat{w} = E\hat{w}$. Wir rechnen

$$A\hat{w} = E(x_0 - \hat{w}) = E(x_1 - 2\hat{w}), \qquad E\hat{w} = EA^{-1}Ex_1 - 2EA^{-1}E\hat{w};$$

Normabschätzung liefert

$$\|r_1\| = \|E\hat{w}\| \leqslant \|E\|^2\|A^{-1}\|\,\|x_1\| + 2\|E\|\,\|A^{-1}\|\,\|E\hat{w}\|$$

$$= O(\gamma(A)^2\kappa(A)\|A\|\,\|x_1\|\epsilon_{\text{mach}}^2) + O(\gamma(A)\kappa(A)\epsilon_{\text{mach}})\|r_1\|$$

Ist nun $\gamma(A)^2\kappa(A)\epsilon_{\text{mach}} = O(1)$ mit $\gamma(A) \gg 1$, so gilt $\gamma(A)\kappa(A)\epsilon_{\text{mach}} \ll 1$; somit besitzt x_1 in dem Modell einen Fehler, der bereits *Rückwärtsstabilität* sichert:

$$\omega(x_1) = \frac{\|r_1\|}{\|A\|\,\|x_1\|} = O(\gamma(A)^2\kappa(A)\epsilon_{\text{mach}}^2) = O(\epsilon_{\text{mach}}).$$

Bemerkung. Für gut konditionierte Matrizen mit $\kappa(A) = O(1)$ lässt sich demzufolge ein Wachstumsfaktor bis zur Größe $\gamma(A) = O(\epsilon_{\text{mach}}^{-1/2})$ – also ein Genauigkeitsverlust von bis zu einer halben Mantissenlänge – mit einem *einzigen* Schritt der Nachiteration kompensieren; vgl. die Diskussion in §15.12 und das Zahlenbeispiel in §§15.10/15.13.

Aufgabe. Zeige anhand eines Beispiels, dass für $\gamma(A) \gg \epsilon_{\text{mach}}^{-1}$ selbst sehr viele Schritte der Nachiteration keine Verbesserung des Rückwärtsfehlers zu liefern brauchen.

Globale Konvergenz der QR-Iteration ohne Shift

E.2 Auch wenn die QR-Iteration *ohne* Shift und *ohne Deflation* in der Praxis viel zu langsam konvergiert und daher keine Rolle spielt, so ist J. Wilkinsons eleganter klassischer Konvergenzbeweis[96] für die Theorie dennoch von großem Interesse:

---

[95] Für eine komponentenweise Betrachtung dieses Modells siehe F. Bornemann: *A model for understanding numerical stability*, IMA J. Numer. Anal. 27, 219–231, 2007.

[96] J. Wilkinson: *The Algebraic Eigenvalue Problem*, Clarendon Press, Oxford, 1965, S. 516–520; die Darstellung hier folgt der durchsichtigen Argumentation von E. Tyrtyshnikov: *Matrix Bruhat decompositions with a remark on the QR (GR) algorithm*, Linear Algebra Appl. 250, 61–68, 1997.

1. Er erklärt, wie sich die Eigenwerte im Limes der Iteration auf der Diagonalen der Schur'schen Normalform genau anordnen.

2. Er stellt einen Zusammenhang mit der Vektoriteration (Potenzmethode) her: Der unitäre Faktor U_k der QR-Zerlegung von A^k bewerkstelligt asymptotisch letztlich die Ähnlichkeitstransformation von A auf Schur'sche Normalform.

3. Er zeigt, dass bei der QR-Iteration mit (konvergentem) Shift nicht nur die letzte Zeile von A_k konvergiert, sondern die anderen bereits „vorbereitet" werden.

E.3 Als Beweismittel führen wir eine spezielle Dreieckszerlegung von überwiegend theoretischem Interesse ein, indem wir auf $A \in GL(m; \mathbb{K})$ eine spezielle Strategie[97] der Spaltenpivotisierung anwenden: Als Pivot nehmen wir jeweils das *erste* Nichtnullelement und bringen es nicht einfach durch Transposition in Position, sondern durch *zyklische* Permutation aller Zwischenzeilen um jeweils eine Zeile nach unten. In der Notation[98] von §7.9 lässt sich dann induktiv leicht zeigen (Beweis zur Übung): Zusätzlich zu L_k ist so auch

$$P_k L_k P'_k$$

unipotente untere Dreiecksmatrix. Wir haben daher eine Zerlegung $P_\pi A = \tilde{L} R$ gewonnen, für die auch $L = P_\pi \tilde{L} P'_\pi$ unipotente untere Dreiecksmatrix ist; es gilt

$$A = L P_\pi R.$$

Eine solche Zerlegung heißt *(modifizierte) Bruhat-Zerlegung*.

Aufgabe. Zeige, dass die Permutation π einer Bruhat-Zerlegung $A = L P_\pi R$ eindeutig durch die Matrix $A \in GL(m; \mathbb{K})$ bestimmt ist, nicht aber die Dreiecksfaktoren L und R. Diese werden eindeutig, wenn man fordert, dass auch $\tilde{L} = P'_\pi L P_\pi$ untere Dreiecksmatrix ist.

E.4 Wir setzen voraus, dass die EW von $A \in GL(m; \mathbb{C})$ betragsmäßig verschieden (also insbesondere für reelles A reell) und dabei wie folgt numeriert seien:

$$|\lambda_1| > |\lambda_2| > \cdots > |\lambda_m| > 0. \tag{E.1a}$$

Insbesondere gibt es eine zugehörige Basis aus EV (reell für reelles A); bilden wir hieraus die Spalten einer Matrix $X \in \mathbb{C}^{m \times m}$, so gilt

$$X^{-1} A X = D, \qquad D = \mathrm{diag}(\lambda_1, \ldots, \lambda_m). \tag{E.1b}$$

Wilkinsons eleganter Trick besteht nun darin, für X^{-1} die oben eingeführte Bruhat-Zerlegung[99]

$$X^{-1} = L P_\pi R \tag{E.1c}$$

---

[97] Wilkinson a.a.O. S. 519.

[98] Wobei τ_k jetzt natürlich den Zyklus $(1\,2\,3 \cdots r_k)$ statt der Transposition $(1\,r_k)$ bezeichnet, wenn sich das Pivotelement α_k in Zeilennummer r_k der Matrix A_k befindet.

[99] Im „generischen" Fall müssen keine Nulldivisionen vermieden werden, so dass in der Regel $\pi = \mathrm{id}$ gilt. Tatsächlich führen in der numerischen Praxis Rundungsfehler im Laufe der Iteration im Sinne der Rückwärtsanalyse zu gestörten Matrizen A und (a fortiori) X. Das zugehörige π weicht daher (sprungartig) immer weniger von id ab, es findet also eine numerische „Selbstsortierung" statt.

zu benutzen, wobei also L eine unipotente untere und R eine obere Dreiecksmatrix bezeichnet. So lässt sich die spezielle Numerierung der EW nämlich besonders bequem nutzen: Für $k \to \infty$ erhalten wir grundsätzlich

$$D^k L_* D^{-k} \to \text{diag}(L_*) \qquad (L_* \text{ untere Dreiecksmatrix}). \qquad (*)$$

Denn mit $\theta = \max_{j>k} |\lambda_j/\lambda_k| < 1$ gilt für die Matrixelemente l_{pq} von L_*, dass

$$\left(\frac{\lambda_p}{\lambda_q}\right)^k l_{pq} = \begin{cases} O(\theta^k) \to 0 & \text{falls } p > q, \\ l_{pp} & \text{falls } p = q, \\ 0 & \text{sonst.} \end{cases}$$

E.5 Die QR-Iteration konstruiert aus $A_0 = A$ mit QR-Zerlegungen die Folge

$$A_k = Q_k R_k, \qquad A_{k+1} = R_k Q_k, \qquad (k = 0, 1, 2, \ldots).$$

Es gilt $A_k = U_k' A U_k$ und A^k besitzt eine QR-Zerlegung der Form

$$A^k = U_k S_k, \qquad U_k = Q_0 \cdots Q_{k-1}, \qquad S_k = R_{k-1} \cdots R_0.$$

Für $k = 0$ ist nämlich beides klar, und der Induktionsschritt von k auf $k+1$ ist

$$A_{k+1} = Q_k' A_k Q_k = Q_k' U_k' A U_k Q_k = U_{k+1}' A U_{k+1}$$

sowie

$$A^{k+1} = AA^k = AU_k S_k = U_k (U_k' A U_k) S_k = U_k A_k S_k = U_k (Q_k R_k) S_k = U_{k+1} S_{k+1}.$$

E.6 Mit der Abkürzung $P = P_\pi$ erhalten wir aus $A = XDX^{-1}$ und $X^{-1} = LPR$

$$U_k = A^k S_k^{-1} = XD^k (LPR) S_k^{-1}$$

und daher aus $A_k = U_k' A U_k$ (beachte, dass $U_k' = U_k^{-1}$)

$$A_k = S_k R^{-1} P' L^{-1} \underbrace{D^{-k}(X^{-1}AX)D^k}_{=D} LPRS_k^{-1} = S_k R^{-1} P' (L^{-1}DL) PRS_k^{-1}.$$

Auf diese Weise ist $A_k = W_k^{-1} B_k W_k$ mit $B_k = P' D^k (L^{-1}DL) D^{-k} P$ und den oberen Dreiecksmatrizen

$$W_k = (P'D^k P) RS_k^{-1} = P'(D^k L^{-1} D^{-k}) D^k X^{-1} S_k^{-1} = P'(D^k L^{-1} D^{-k}) X^{-1} U_k.$$

Die letzte Beziehung zeigt, dass die Folgen W_k und W_k^{-1} beschränkt sind: Nach $(*)$ gilt nämlich $D^k L^{-1} D^{-k} \to \text{diag}(L^{-1}) = I$; die U_k sind unitär. Aus $(*)$ folgt zudem

$$B_k \to P' \text{diag}(L^{-1}DL)P = P'DP = D_\pi, \qquad D_\pi = \text{diag}(\lambda_{\pi(1)}, \ldots, \lambda_{\pi(m)}).$$

Zusammengefasst erhalten wir die Asymptotik

$$A_k = \underbrace{W_k^{-1} D_\pi W_k}_{\text{obere Dreiecksmatrix}} + \underbrace{W_k^{-1}(B_k - D_\pi) W_k}_{\to 0}$$

und damit insbesondere den gewünschten *Konvergenzsatz*: Aus (E.1) folgt

$$\operatorname{diag}(A_k) \to D_\pi, \qquad \text{strikt unteres Dreieck von } A_k \to 0.$$

Bemerkung. Aus Kompaktheitsgründen liefert eine Teilfolgenauswahl innerhalb der unitären Matrizen $U_{k_\nu} \to Q$ und innerhalb der nichtsingulären oberen Dreiecksmatrizen $W_{k_\nu} \to W$. Der Limes von $A_{k_\nu} = U'_{k_\nu} A U_{k_\nu} = W_{k_\nu}^{-1} D_\pi W_{k_\nu} + o(1)$ führt zu einer *Schur'schen Normalform*

$$Q'AQ = T, \qquad T = W^{-1} D_\pi W = \begin{pmatrix} \lambda_{\pi(1)} & * & \cdots & * \\ & \ddots & \ddots & \vdots \\ & & \ddots & * \\ & & & \lambda_{\pi(m)} \end{pmatrix}.$$

Aufgabe.

- Erkläre anhand eines Beispiels, warum die Folge A_k selbst i. Allg. *nicht* konvergiert.
- Zeige, dass auf die Teilfolgenauswahl verzichtet werden kann, wenn man statt der A_k eine Folge $\Sigma'_k A_k \Sigma_k$ für geeignete unitäre Diagonalmatrizen Σ_k betrachtet.
- Zeige durch Konstruktion *spezieller* Matrizen A, dass jedes $\pi \in S_m$ realisierbar ist (nur theoretisch; tatsächliche numerische Experimente zeigen das in Fußnote 99 diskutierte Verhalten).

Lokale Konvergenz der QR-Iteration mit Shift

E.7 Wir wollen in diesem Abschnitt die Konvergenzaussagen aus §§21.10–21.12 verstehen und teilweise (unter etwas stärkeren Voraussetzungen) beweisen. Dazu unterteilen wir die Matrizen der QR-Iteration mit Shift wie folgt:

$$A_k - \mu_k I = \left(\begin{array}{c|c} B_k - \mu_k I & w_k \\ \hline r'_k & \lambda_k - \mu_k \end{array} \right) = \underbrace{\left(\begin{array}{c|c} P_k & u_k \\ \hline v'_k & \eta_k \end{array} \right)}_{=Q_k} \underbrace{\left(\begin{array}{c|c} S_k & s_k \\ \hline 0 & \rho_k \end{array} \right)}_{=R_k}$$

$$A_{k+1} - \mu_k I = \left(\begin{array}{c|c} B_{k+1} - \mu_k I & w_{k+1} \\ \hline r'_{k+1} & \lambda_{k+1} - \mu_k \end{array} \right) = \underbrace{\left(\begin{array}{c|c} S_k & s_k \\ \hline 0 & \rho_k \end{array} \right)}_{=R_k} \underbrace{\left(\begin{array}{c|c} P_k & u_k \\ \hline v'_k & \eta_k \end{array} \right)}_{=Q_k};$$

wobei die QR-Zerlegung o.E. so gewählt sei, dass $\rho_k \geqslant 0$.

E.8 Ziel ist es, $\|r_{k+1}\|_2$ durch $\|r_k\|_2$ abzuschätzen. Ausmultipliziert erhalten wir

$$r'_k = v'_k S_k, \qquad r'_{k+1} = \rho_k v'_k,$$

und daher mit der Abkürzung $\sigma_k = \|S_k^{-1}\|_2$ zunächst die Abschätzungen

$$\|v_k\|_2 \leqslant \sigma_k \|r_k\|_2, \qquad \|r_{k+1}\|_2 \leqslant \rho_k \sigma_k \|r_k\|_2.$$

Wir müssen also σ_k und ρ_k abschätzen.

E.9 Da Q_k unitär ist, gilt wegen der Normierung der letzten Spalte und Zeile

$$1 = \|u_k\|_2^2 + |\eta_k|^2 = \|v_k\|_2^2 + |\eta_k|^2,$$

also insbesondere

$$\|u_k\|_2 = \|v_k\|_2, \qquad |\eta_k| \leqslant 1.$$

Ferner folgt aus der Unitarität auch

$$\left(\begin{array}{c|c} P_k' & v_k \\ \hline u_k' & \eta_k' \end{array} \right) \left(\begin{array}{c|c} B_k - \mu_k I & w_k \\ \hline r_k' & \lambda_k - \mu_k \end{array} \right) = \left(\begin{array}{c|c} S_k & s_k \\ \hline 0 & \rho_k \end{array} \right)$$

und damit

$$\rho_k = u_k' w_k + \eta_k'(\lambda_k - \mu_k), \qquad \rho_k \leqslant \|u_k\|_2 \|w_k\|_2 + |\lambda_k - \mu_k|.$$

Für den *Rayleigh-Shift* $\mu_k = \lambda_k$ liefern die bisherigen Abschätzungen insgesamt

$$\rho_k \leqslant \sigma_k \|w_k\|_2 \|r_k\|_2, \qquad \|r_{k+1}\|_2 \leqslant \sigma_k^2 \|w_k\|_2 \|r_k\|_2^2.$$

E.10 Als Teilspalte von A_k bleibt w_k durch

$$\|w_k\|_2 \leqslant \|A_k\|_2 = \|A\|_2$$

in jedem Fall beschränkt. Ist A und damit A_k normal, so folgt durch Ausmultiplizieren von $A_k A_k' = A_k' A_k$ für das $(2,2)$-Element der Partitionierung, dass

$$\|r_k\|_2^2 + |\lambda_k|^2 = \|w_k\|_2^2 + |\lambda_k|^2, \qquad \text{also} \quad \|w_k\|_2 = \|r_k\|_2.$$

Zusammengefasst erhalten wir somit für den Rayleigh-Shift:

$$\|r_{k+1}\|_2 \leqslant \sigma_k^2 \|A\|_2 \|r_k\|_2^2, \quad \text{bzw. für } A \text{ normal} \quad \|r_{k+1}\|_2 \leqslant \sigma_k^2 \|r_k\|_2^3. \tag{E.2}$$

Wir sind demnach fertig, wenn wir begründen, dass auch σ_k beschränkt bleibt.

E.11 Wegen $B_k - \mu_k I = P_k S_k$ und $\|P_k\|_2 \leqslant \|Q_k\|_2 = 1$ gilt

$$\sigma_k = \|S_k^{-1}\|_2 \leqslant \|(B_k - \mu_k I)^{-1}\|_2 = \mathrm{sep}(\mu_k, B_k)^{-1}.$$

Konvergiert mit $\|r_k\|_2 \to 0$ der Shift μ_k gegen einen *einfachen* EW λ von A, so konvergiert B_k gegen eine deflationierte Matrix A_λ, deren Spektrum λ nicht mehr enthält und es gilt

$$\sigma_k \leqslant \mathrm{sep}(\mu_k, B_k)^{-1} \to \mathrm{sep}(\lambda, A_\lambda)^{-1} < \infty.$$

Wenn wir also die Konvergenz selbst voraussetzen, so folgt aus (E.2) die behauptete quadratische bzw. kubische Konvergenz*geschwindigkeit*.[100]

---

[100]Bis hierhin folgt unsere Argumentation im Wesentlichen der Diskussion in G. W. Stewart: *Afternotes goes to Graduate School*, SIAM, Philadelphia, 1997, S. 139–141.

E.12 Ohne die Konvergenz bereits vorauszusetzen, lässt sich die Beschränktheit der σ_k aus der Störungstheorie gewinnen. Der Einfachheit halber betrachten wir nur den Fall einer *selbstadjungierten* Matrix A mit *paarweise verschiedenen* EW. Der Abstand zwischen je zwei EW sei dabei mindestens $3\delta > 0$. Da mit A auch die Matrizen A_k und B_k selbstadjungiert sind und weiter $\sigma(A) = \sigma(A_k)$ gilt, folgt unter der *Voraussetzung* $\|r_k\|_2 \leqslant \delta/\sqrt{2}$ aus Korollar 19.3, der Störungsbeziehung

$$
A_k = \left(\begin{array}{c|c} B_k & r_k \\ \hline r_k' & \lambda_k \end{array} \right) = \underbrace{\left(\begin{array}{c|c} B_k & \\ \hline & \mu_k \end{array} \right)}_{=F_k} + \underbrace{\left(\begin{array}{c|c} & r_k \\ \hline r_k' & \lambda_k - \mu_k \end{array} \right)}_{=E_k}
$$

und der Abschätzung (für den Rayleigh-Shift)

$$
\|E_k\|_2^2 \leqslant \|E_k\|_F^2 = 2\|r_k\|_2^2 + |\lambda_k - \mu_k|^2 = 2\|r_k\|_2^2,
$$

dass es zu jedem $\lambda \in \sigma(A)$ genau ein $\mu \in \sigma(F_k)$ mit $|\lambda - \mu| \leqslant \delta$ gibt. Damit sind auch die EW von F_k sämtlich verschieden und der Abstand zwischen je zwei von ihnen ist mindestens δ (warum?); insbesondere gilt

$$
\mathrm{dist}(\mu_k, \underbrace{\sigma(F_k) \setminus \{\mu_k\}}_{=\sigma(B_k)}) \geqslant \delta.
$$

Für den Rayleigh-Shift gilt daher insgesamt nach Satz 19.3

$$
\sigma_k \leqslant \mathrm{sep}(\mu_k, B_k)^{-1} = \mathrm{dist}(\mu_k, \sigma(B_k))^{-1} \leqslant \delta^{-1}.
$$

E.13 Wir können das lokale Konvergenzresultat nun wie folgt formulieren:

Satz. *Es sei A selbstadjungiert mit paarweise verschiedenen EW, die wechselseitig voneinander mindestens den Abstand $3\delta > 0$ haben. Ist $\|r_0\|_2 \leqslant \delta/\sqrt{2}$, so liefert für $k \to \infty$ die QR-Iteration mit Rayleigh-Shift kubische Konvergenz in der Form*

$$
\|r_{k+1}\|_2 \leqslant \delta^{-2}\|r_k\|_2^3 \to 0.
$$

Beweis. Wir brauchen nur noch induktiv $\|r_k\|_2 \leqslant \delta/\sqrt{2}$ zu zeigen. Für $k = 0$ ist dies gerade die Voraussetzung an r_0; der Induktionsschritt von k auf $k+1$ lautet:

$$
\|r_{k+1}\|_2 \leqslant \sigma_k^2\|r_k\|_2^3 \leqslant \delta^{-2}\|r_k\|_2^3 \leqslant \tfrac{1}{2}\|r_k\|_2 \leqslant \|r_k\|_2 \leqslant \delta/\sqrt{2}.
$$

Das Zwischenergebnis $\|r_{k+1}\|_2 \leqslant \|r_k\|_2/2$ liefert außerdem induktiv

$$
\|r_k\|_2 \leqslant 2^{-k}\|r_0\|_2 \to 0 \qquad (k \to \infty),
$$

was schließlich auch noch die Konvergenz selbst sichert. □

E.14 Für den *Wilkinson-Shift* μ_k gilt nach §21.12 (und mit der dortigen Notation)

$$(\lambda_k - \mu_k)(\alpha_k - \mu_k) = \beta_k \gamma_k, \qquad |\lambda_k - \mu_k| \leqslant |\alpha_k - \mu_k|;$$

letztere Ungleichung besteht, da die Lösungen der quadratischen Gleichung auch symmetrisch zum Symmetriepunkt $(\lambda_k + \alpha_k)/2$ von α_k und λ_k liegen. Also ist

$$|\lambda_k - \mu_k|^2 \leqslant |\beta_k \gamma_k| \leqslant \|w_k\|_2 \|r_k\|_2$$

und daher in jedem Fall

$$\|r_{k+1}\|_2 \leqslant \sigma_k^2 \|w_k\|_2 \|r_k\|_2^2 + \sigma_k \|w_k\|_2^{1/2} \|r_k\|_2^{3/2}.$$

Im selbstadjungierten Fall ist jetzt $\|E_k\|_2 \leqslant \sqrt{3} \|r_k\|_2$ und somit $\sigma_k \leqslant \delta^{-1}$ für $\|r_k\|_2 \leqslant \delta/\sqrt{3}$. Völlig analog zur Argumentation beim Rayleigh-Shift ergibt sich insgesamt folgender Satz:

Satz. *Es sei A selbstadjungiert mit paarweise verschiedenen EW, die wechselseitig voneinander mindestens den Abstand $3\delta > 0$ haben. Ist $\|r_0\|_2 \leqslant \delta/\sqrt{3}$, so liefert für $k \to \infty$ die QR-Iteration mit Wilkinson-Shift quadratische Konvergenz in der Form*

$$\|r_{k+1}\|_2 \leqslant 2\delta^{-1} \|r_k\|_2^2 \to 0.$$

Bemerkung. Die Konvergenzgeschwindigkeit lässt sich für den Wilkinson-Shift auf diejenige des Rayleigh-Shifts anheben, falls[101]

$$\tau_k = \lambda_k - \alpha_k \to \tau \neq 0.$$

Dann folgt nämlich aus

$$(\mu_k - \lambda_k)^2 + \tau_k(\mu_k - \lambda_k) = \beta_k \gamma_k, \qquad |\beta_k \gamma_k| \leqslant \|w_k\|_2 \|r_k\|_2,$$

die weit bessere Abschätzung

$$|\mu_k - \lambda_k| = O(\tau^{-1} \|w_k\|_2 \|r_k\|_2),$$

so dass schließlich für beschränktes σ_k genau wie in §E.9 beim Rayleigh-Shift gilt:

$$\rho_k = O(\|w_k\|_2 \|r_k\|_2), \qquad \|r_{k+1}\|_2 = O(\|w_k\|_2 \|r_k\|_2^2).$$

Stochastische obere Abschätzung der Spektralnorm

Disclaimer: Dieser Abschnitt eignet sich wirklich nur für bereits etwas fortgeschrittenere Leser.

E.15 Für $A \in \mathbb{C}^{m \times m}$ und $0 \neq x \in \mathbb{C}^m$ gilt nach Definition

$$\frac{\|Ax\|_2}{\|x\|_2} \leqslant \|A\|_2.$$

In §20.11 haben wir benutzt, dass für *Zufallsvektoren* x mit hoher Wahrscheinlichkeit auch eine umgekehrte Abschätzung gilt:

---

[101]Etwa im Fall $\lambda_k \to \lambda \in \sigma(A)$, wenn die EW von $A - \lambda I$ betragsmäßig verschieden sind; vgl. Satz E.2.

Satz. *Es sei $A \in \mathbb{C}^{m \times m}$ fest gewählt und $x \in \mathbb{R}^m$ ein Zufallsvektor mit i.i.d. standardnormalver-teilten Komponenten. Dann gilt mit einer Wahrscheinlichkeit $\geqslant 1 - \delta$*

$$\|A\|_2 \leqslant \delta^{-1} \sqrt{m}\, \frac{\|Ax\|_2}{\|x\|_2} \qquad (0 < \delta \leqslant 1).$$

Beweis. Aus der Singulärwertzerlegung von A (mit U, V unitär)

$$A = U \operatorname{diag}(\sigma_1, \ldots, \sigma_m) V', \qquad \|A\|_2 = \sigma_1 \geqslant \cdots \geqslant \sigma_m \geqslant 0,$$

sowie der unitären Invarianz von Spektralnorm und von multivariater Normalverteilung folgt mit i.i.d. standardnormalverteilten Zufallsvariablen $\zeta_1, \ldots, \zeta_m$

$$\mathbb{P}\left(\frac{\|Ax\|_2}{\|x\|_2} \leqslant \tau \|A\|_2 \right) = \mathbb{P}\left(\frac{\sigma_1^2 \zeta_1^2 + \cdots + \sigma_m^2 \zeta_m^2}{\zeta_1^2 + \cdots + \zeta_m^2} \leqslant \tau^2 \sigma_1^2 \right)$$

$$\leqslant \mathbb{P}\left(\frac{\zeta_1^2}{\zeta_1^2 + \cdots + \zeta_m^2} \leqslant \tau^2 \right).$$

Die Zufallsvariable $R^2 = \zeta_1^2 / (\zeta_1^2 + \zeta_2^2 + \cdots + \zeta_m^2)$ ist hier für $m \geqslant 2$ von der Form

$$X / (X + Y)$$

mit unabhängigen Chi-Quadrat-verteilten Zufallsvariablen $X \sim \chi_1^2$ und $Y \sim \chi_{m-1}^2$; sie ist demnach Beta-verteilt mit den Parametern $(1/2, (m-1)/2)$ und besitzt folglich die Verteilungsfunktion $F(t) = \mathbb{P}(R^2 \leqslant t)$ mit der Dichte[102]

$$F'(t) = \frac{1}{B\big(1/2, (m-1)/2\big)} t^{-1/2} (1-t)^{(m-3)/2} \qquad (0 \leqslant t \leqslant 1).$$

Damit hat die Wahrscheinlichkeitsverteilung

$$G(\delta) = \mathbb{P}(R \leqslant \delta / \sqrt{m}) = F(\delta^2 / m) \qquad (0 \leqslant \delta \leqslant \sqrt{m})$$

für $m \geqslant 2$ die Dichte

$$G'(\delta) = \frac{2\delta}{m} F'(\delta^2 / m) = \frac{2m^{-1/2}}{B\big(1/2, (m-1)/2\big)} \left(1 - \frac{\delta^2}{m} \right)^{(m-3)/2}.$$

Aus der Stirling'schen Formel folgt der monotone Limes

$$\frac{2m^{-1/2}}{B\big(1/2, (m-1)/2\big)} = 2m^{-1/2} \frac{\Gamma(m/2)}{\Gamma(1/2)\Gamma((m-1)/2)} \nearrow \sqrt{\frac{2}{\pi}}$$

und wir erhalten für $m \geqslant 3$ die oberen Abschätzungen[103]

$$G'(\delta) \leqslant \sqrt{\frac{2}{\pi}}, \qquad G(\delta) \leqslant \sqrt{\frac{2}{\pi}} \delta \leqslant \delta \qquad (0 \leqslant \delta \leqslant \sqrt{m}).$$

---

[102] All das findet sich in §9.2 von Hans-Otto Georgii: *Stochastik*, 5. Aufl., Walter de Gruyter, 2015.
[103] Die ersten beiden Abschätzungen sind für kleines $\delta \geqslant 0$ asymptotisch *scharf*, da für $m \to \infty$

$$\left(1 - \frac{\delta^2}{m} \right)^{(m-3)/2} \to e^{-\delta^2/2}, \qquad G'(\delta) \to \sqrt{\frac{2}{\pi}} e^{-\delta^2/2} \qquad (0 \leqslant \delta < \infty).$$

Für $m = 2$ gilt nach Integration

$$G(\delta) = \frac{2}{\pi} \arcsin(\delta/\sqrt{2}) \leqslant \delta \qquad (0 \leqslant \delta \leqslant \sqrt{2})$$

und für $m = 1$ die triviale Abschätzung $G(\delta) = 0 \leqslant \delta$, falls $0 \leqslant \delta < 1$. Damit ist

$$\mathbb{P}\left(\frac{\|Ax\|_2}{\|x\|_2} \leqslant \frac{\delta \|A\|_2}{\sqrt{m}} \right) \leqslant \mathbb{P}\left(R \leqslant \frac{\delta}{\sqrt{m}} \right) = G(\delta) \leqslant \delta \qquad (0 \leqslant \delta \leqslant 1),$$

woraus schließlich die Behauptung folgt.   □

Bemerkung. Wie der Beweis zeigt, lässt sich die Abschätzung des Satzes für $m \geqslant 3$ zwar noch um den Faktor

$$\sqrt{\frac{2}{\pi}} \approx 0.79788$$

verbessern, ist dann aber für $\sigma_2 = \cdots = \sigma_m = 0$, $m \to \infty$ und $\delta \to 0$ asymptotisch *scharf*.

F Weitere Aufgaben

> The student is advised to do practical exercises.
> Nothing but the repeated application of the
> methods will give him the whole grasp of the
> subject. For it is not sufficient to understand the
> underlying ideas, it is also necessary to acquire a
> certain facility in applying them. You might as well
> try to learn piano playing only by attending
> concerts as to learn the [numerical] methods only
> through lectures.
>
> *(Carl Runge 1909)*

Im Text sind bisher bereits 61 Aufgaben „verstreut"; hier kommen weitere 36 hinzu. Zudem finden sich in den auf Seite viii genannten Klassikern zahlreiche weitere Aufgaben, die ich den Lesern zur weiteren Übung sehr ans Herz legen möchte.

Matrizen am Computer

Aufgabe. Alternativ zu §5.5 kann die Vorwärtssubsitution auch aus folgender rekursiven Unterteilung der unteren Dreiecksmatrix $L_1 = L$ gewonnen werden:

$$L_k = \left(\begin{array}{c|c} \lambda_k & \\ \hline l_k & L_{k+1} \end{array} \right).$$

Entwickle daraus ein MATLAB-Programm zur *in situ* Ausführung der Vorwärtssubstitution.

Aufgabe. Gegeben sei $A \in \mathbb{K}^{m \times m}$ mit den Koeffizienten α_{jk}. Zu berechnen sei

$$\xi_j = \sum_{k=1}^{j} \alpha_{jk} \qquad (j = 1 : m).$$

- Programmiere die komponentenweise Berechnung mit zwei for-Schleifen.
- Programmiere das Ganze als Matrix-Vektor-Operation *ohne* for-Schleife.
- Führe einen Zeitvergleich für eine reelle Zufallsmatrix mit $m = 10\,000$ durch.
- Wie heißt die zugehörige maßgeschneiderte BLAS-Routine?

Hinweis: help tril; help triu; help ones; und www.netlib.org/lapack/explore-html/.

Aufgabe. Es seien $u, v \in \mathbb{K}^m$ und $A = I + uv' \in \mathbb{K}^{m \times m}$.

- Unter welcher Bedingung (an u und v) ist A invertierbar?
- Finde kurze Formeln für A^{-1} und $\det A$.

Hinweis. Betrachte zunächst den Spezialfall $v = e_1$ und partioniere geschickt. Transformiere den allgemeinen Fall auf diesen Spezialfall.

Matrixfaktorisierung

Aufgabe. Betrachte für $A \in \mathrm{GL}(m; \mathbb{K})$ und $D \in \mathbb{K}^{n \times n}$ die block-partitionierte Matrix

$$M = \begin{pmatrix} A & B \\ C & D \end{pmatrix}.$$

- Bestimme die *Block-LR-Zerlegung* in der Form (I bezeichnet jeweils die Identität)

$$M = \begin{pmatrix} I & \\ C_* & I \end{pmatrix} \begin{pmatrix} A_* & \\ & D_* \end{pmatrix} \begin{pmatrix} I & B_* \\ & I \end{pmatrix}.$$

- Gib eine einfache Faktorisierung von M^{-1} an und charakterisiere die Existenz.
- Schreibe M^{-1} analog zu M als eine 2×2-Blockmatrix.
- Vergleiche die Ergebnisse mit dem bekannten Spezialfall $m = n = 1$.

Aufgabe. Betrachte das lineare Gleichungssystem $Ax = b$ für die Matrix

$$A = \left(\begin{array}{c|c} 1 & u' \\ \hline v & I \end{array} \right) \in \mathbb{K}^{m \times m}.$$

- Permutiere Zeilen und Spalten von A so, dass der Speicheraufwand für die Faktoren der *LR-Zerlegung linear* in m wächst. Gib L und R explizit an.
- Löse das Gleichungssystem mit Hilfe der *LR-Zerlegung*. Wie lautet die Lösbarkeitsbedingung?
- Schreibe ein MATLAB-Programm *ohne* for-Schleife, das für u, v und b die Lösung x berechnet. Wieviele flop werden (in führender Ordnung) benötigt?

Aufgabe. Identifiziere, was das Programm

```
1  [m,n] = size(B);
2  for i=n:-1:1
3    for j=m:-1:1
4      B(j,i) = B(j,i)/A(j,j);
5      for k=1:j-1
6        B(k,i) = B(k,i) - B(j,i)*A(k,j);
7      end
8    end
9  end
```

für Matrizen $A \in \mathbb{K}^{m \times m}$ und $B \in \mathbb{K}^{m \times n}$ tut. Ersetze es durch eine kurze Befehlsfolge *ohne* Verwendung von for-Schleifen.

Hinweis: Ersetze zunächst zwei der for-Schleifen durch Matrix-Vektor-Operationen und studiere dann die Umkehroperation, die aus der Ausgabematrix B die Eingabematrix (gespeichert in B) rekonstruiert.

Aufgabe. Es sei $A \in \mathbb{K}^{m \times m}$ invertierbar, $b \in \mathbb{K}^m$ und $n \in \mathbb{N}$. Beschreibe einen effizienten Algorithmus zur Lösung des linearen Gleichungssystems

$$A^n x = b.$$

Wieviele flop werden für $n \ll m$ (in führender Ordnung) benötigt?

Aufgabe. Gegeben sei eine tridiagonale Matrix

$$
A = \begin{pmatrix}
\delta_1 & \rho_2 & & & \\
\lambda_1 & \delta_2 & \rho_3 & & \\
& \ddots & \ddots & \ddots & \\
& & \ddots & \ddots & \rho_m \\
& & & \lambda_{m-1} & \delta_m
\end{pmatrix},
$$

welche strikt *spaltenweise* diagonaldominant ist:

$$
|\delta_1| > |\lambda_1|, \qquad |\delta_j| > |\lambda_j| + |\rho_j| \quad (j = 2 : m-1), \qquad |\delta_m| > |\rho_m|.
$$

- Zeige: A besitzt eine LR-Zerlegung in eine unipotente untere Bidiagonalmatrix L und eine obere Bidiagonalmatrix R, wobei R oberhalb der Diagonale mit A übereinstimmt. Weshalb entfällt die Pivotisierung?

- Formuliere diese Zerlegung als ein MATLAB-Programm, welches die Vektoren

$$
d = (\delta_j)_{j=1:m} \in \mathbb{K}^m, \quad l = (\lambda_j)_{j=1:m-1} \in \mathbb{K}^{m-1}, \quad r = (\rho_j)_{j=2:m} \in \mathbb{K}^{m-1}
$$

als Eingabe erhält. Achte auf eine effiziente Speicherplatznutzung. Wie viele flop werden von dem Programm (in führender Ordnung) benötigt?

Das in dieser Aufgabe entwickelte Verfahren heißt in der Literatur *Thomas-Algorithmus*.

Aufgabe. Der Austauschoperator (Sweep) $\mathcal{T}_k$ wirkt auf einer Matrix $A \in \mathbb{K}^{m \times m}$ wie folgt:

$$
Ax = y \quad \Rightarrow \quad \mathcal{T}_k A \tilde{x} = \tilde{y}
$$

wobei $\quad x = (\xi_1, \ldots, \xi_{k-1}, \xi_k, \xi_{k+1}, \ldots, \xi_m)', \quad y = (\eta_1, \ldots, \eta_{k-1}, \eta_k, \eta_{k+1}, \ldots, \eta_m)',$

$\tilde{x} = (\xi_1, \ldots, \xi_{k-1}, \eta_k, \xi_{k+1}, \ldots, \xi_m)', \quad \tilde{y} = (\eta_1, \ldots, \eta_{k-1}, -\xi_k, \eta_{k+1}, \ldots, \eta_m)'.$

Drücke $\mathcal{T}_k A$ geschickt in Formeln aus. Unter welcher Bedingung an A ist $\mathcal{T}_k$ wohldefiniert? Zeige (unter genauer Angabe *einfacher* Voraussetzungen für die Wohldefiniertheit):

- $\mathcal{T}_j$ und $\mathcal{T}_k$ kommutieren für $1 \leqslant j, k \leqslant m$.

- Austauschoperatoren haben Ordnung 4, so dass insbesondere $\mathcal{T}_k^{-1} = \mathcal{T}_k^3$.

- Für selbstadjungiertes A ist auch $\mathcal{T}_k A$ selbstadjungiert.

- Partitionieren wir A so, dass A_{11} die $k \times k$ Hauptuntermatrix ist, so gilt

$$
\mathcal{T}_1 \cdots \mathcal{T}_k \left(\begin{array}{c|c} A_{11} & A_{12} \\ \hline A_{21} & A_{22} \end{array} \right) = \left(\begin{array}{c|c} -A_{11}^{-1} & A_{11}^{-1} A_{12} \\ \hline A_{21} A_{11}^{-1} & A_{22} - A_{21} A_{11}^{-1} A_{12} \end{array} \right).
$$

Der Block $A_{22} - A_{21} A_{11}^{-1} A_{12}$ heißt *Schurkomplement* der Hauptuntermatrix A_{11} in A.

- Es gilt $\mathcal{T}_1 \cdots \mathcal{T}_m A = -A^{-1}$.

Austauschoperatoren erfreuen sich als eine Art „Schweizer Taschenmesser" in der Statistik großer Beliebtheit,[104] sind aber ohne Pivotsierung numerisch potentiell *instabil* (Beispiel?).

---

[104]Siehe etwa K. Lange: *Numerical Analysis for Statisticians*, 2. Aufl., Springer-Verlag, New York, 2010.

Aufgabe. Es sei $x_1, \ldots, x_n \in \mathbb{R}^m$ eine Basis des Raums U. Schreibe einen MATLAB-Zweizeiler zur Berechnung einer Orthonormalbasis des orthogonalen Komplements von U.

Aufgabe. Für $A \in \mathbb{K}^{m \times n}$ mit $n < m$ sei eine kompakt gespeicherte *volle* QR-Zerlegung in Julia mit `F = qr(A)` *schon* berechnet. Erst *danach* werde ein Vektor $a \in \mathbb{K}^m$ gegeben.

- Formuliere als Julia-Funktion `QRUpdateR(F,a)` einen *effizienten* Algorithmus zur Berechnung *allein* des R-Faktors einer reduzierten QR-Zerlegung der Matrix

$$A_* = (A \,|\, a) \in \mathbb{K}^{m \times (n+1)}.$$

  Begründe, warum die Funktion das Gewünschte leistet.

  Hinweis. Vermeide *unbedingt* die Skalierung oder Addition/Subtraktion von Vektoren.

- Schätze ab, wieviele Flop `QRUpdateR(F,a)` im Vergleich zu einer vollständigen Neuberechnung einspart. Führe ein Benchmarking durch.

  Hinweis. Es darf als bekannt vorausgesetzt werden, dass Matrix-Vektor-Produkte der Form `F.Q*x` bzw. `F.Q'*y` nur $O(mn)$ Operationen benötigen.

Fehleranalyse

Aufgabe. Betrachte für $0 < \epsilon \ll 1$ das lineare Gleichungssystem $Ax = b$ mit

$$A = \begin{pmatrix} 1 & 1 \\ 0 & \epsilon \end{pmatrix}, \qquad b = \begin{pmatrix} 0 \\ 1 \end{pmatrix}.$$

- Zeige: $\kappa_\infty(A) = 2 + 2\epsilon^{-1} \gg 1$. Finde eine Störung $A + E$ mit $\|E\|_\infty \leqslant \epsilon$, so dass der relative Fehler in x bzgl. der $\|\cdot\|_\infty$-Norm bei über 100% liegt.

- Zeige, dass das lineare Gleichungssystem für relative Fehlermaße hingegen *gut* konditioniert ist, wenn *nur* die Eingabe ϵ Störungen unterworfen ist.

Aufgabe. Berechne (bzgl. komponentenweiser relativer Fehler) die Konditionszahl $\kappa(\det, A)$ der Abbildung $A \in \mathbb{R}^{2 \times 2} \mapsto \det A$. Charakterisiere den *schlecht* konditionierten Fall.

Aufgabe. Es sei $\epsilon(\xi)$ der *relative* Abstand von $0 < \xi \in \mathbb{F}_{\beta, t}$ zur *nächstgrößeren* Maschinenzahl. Plotte $\epsilon(\xi)$ in doppelt-logarithmischer Skala. Wo befindet sich in diesem Plot die Maschinengenauigkeit ϵ_{mach}?

Aufgabe. MATLAB rechnet:

```
1 >> format long e
2 >> exp(pi*sqrt(67)/6) - sqrt(5280)
3 ans =
4      6.121204876308184e-08
```

Wieviele Dezimalen sind hier korrekt (nur mit „scharfem Hinsehen": d.h. *ohne* Computer, Taschenrechner, etc.)? Was müsste man tun, um alle 16 Dezimalen korrekt zu berechnen?

Aufgabe. Hier eine Übung zur numerischen Stabilisierung einfacher Ausdrücke:

- Für welche Bereiche von ξ sind folgende Ausdrücke instabil:

$$\sqrt{\xi+1} - \sqrt{\xi}, \quad \xi \in [0, \infty[; \qquad (1 - \cos\xi)/\xi^2, \quad \xi \in (-\pi, \pi)?$$

- Finde stabile Ausdrücke. Vergleiche für $\xi = 2^j$, $j = 48 : 53$, bzw. $\xi = 10^{-j}$, $j = 4 : 9$.

Aufgabe. Eine weitere Übung zur numerischen Stabilisierung eines einfachen Ausdrucks:

- Berechne den Ausdruck $(1 + 1/n)^n$ für $n = 10^k$, $k = 7 : 17$. Was hätte man (aus der Analysis) erwartet? Erkläre den beobachteten „numerischen Grenzwert".
- Finde einen stabilen Ausdruck für $(1 + 1/n)^n$.

Aufgabe. Für $x > 0$ definiert der Ausdruck $\log\left(\sqrt{1 + x^2} - 1\right)$ eine Funktion $f(x)$.

- Für welche x ist f bzgl. relativer Fehler schlecht konditioniert?
- Für welche x ist der gegebene Ausdruck als Algorithmus numerisch instabil?
- Finde einen stabilen Ausdruck.

Hinweis: Es darf benutzt werden, dass $1 < xf'(x) < 2$ für $x > 0$.

Aufgabe. Gesucht sei eine Nullstelle des kubischen Polynoms

$$x^3 + 3qx - 2r = 0 \qquad (q, r > 0).$$

Nach Cardano (1545) ist eine reelle Wurzel durch

$$x_0 = \sqrt[3]{r + \sqrt{q^3 + r^2}} - \sqrt[3]{-r + \sqrt{q^3 + r^2}}$$

gegeben. Diese Formel ist numerisch instabil und mit *zwei* Kubikwurzeln auch recht teuer.

- Erkläre, warum die Cardanische Formel für $r \ll q$ und $r \gg q$ potentiell instabil ist.
- Finde eine numerisch stabile Formel für x_0, die überdies nur die Berechnung *einer* Kubikwurzel und *einer* Quadratwurzel benötigt.
- Zeige, dass die Nullstelle x_0 gut konditioniert ist; es gilt nämlich $\kappa(x_0; q, r) \leqslant 2$.
- Gib für die Fälle $r \ll q$ und $r \gg q$ Zahlenbeispiele an, in denen die Cardanische Formel mindestens die halbe Mantissenlänge an Genauigkeit einbüßt.

Aufgabe. MATLAB rechnet:

```
1  >> rng(333);            % für Reproduzierbarkeit
2  >> A = randn(4000);
3  >> det(A)
4  ans =
5     -Inf
```

Berechne die Determinante dieser Matrix A *ohne* Unter- oder Überlauf. Wieviele Dezimalen des Ergebnisses sind dann korrekt?

Aufgabe. Betrachtet werde die komplexe Quadratwurzel $\sqrt{z}$ für $z = x + iy$ ($x, y \in \mathbb{R}$, $y \neq 0$).

- Gib ein sparsames, numerisch stabiles Programm an, das *nur* arithmetische Operationen und *reelle* Quadratwurzeln verwendet. Vermeide dabei die Gefahr von Über- und Unterlauf; das Programm sollte z.B. auch für folgenden Input funktionieren:

$$x = 1.23456789 \cdot 10^{200}, \qquad y = 9.87654321 \cdot 10^{-200}.$$

- Gib einfache Abschätzungen der Konditionszahlen für folgende Abbildungen an:

$$(x, y) \mapsto \mathrm{Re}(\sqrt{z}), \qquad (x, y) \mapsto \mathrm{Im}(\sqrt{z}).$$

Aufgabe. Gegeben ist das lineare Gleichungssystem

$$Hx = b, \qquad b = (1, \ldots, 1)' \in \mathbb{R}^{10},$$

mit der *Hilbertmatrix* $H = (h_{jk}) \in \mathbb{R}^{10 \times 10}$, $h_{jk} = 1/(j + k - 1)$ für $j, k = 1 : 10$.

Hinweis: H kann mit dem MATLAB-Befehl `hilb` erzeugt werden.

- Berechne eine numerische Lösung $\hat{x}$ mit *LR*-Zerlegung mit Spaltenpivotisierung.
- Berechne den normweisen relativen Rückwärtsfehler ω. Ist $\hat{x}$ rückwärtsstabil?
- Schätze die Konditionszahl $\kappa_\infty(H)$ mit Hilfe des MATLAB-Befehls `condest` und vergleiche die Abschätzung $\kappa_\infty(H) \cdot \omega$ des relativen Vorwärtsfehlers von $\hat{x}$ mit seinem tatsächlichen Wert

$$\frac{\|x - \hat{x}\|_\infty}{\|\hat{x}\|_\infty}.$$

Die *exakte* Lösung $x \in \mathbb{Z}^{10}$ kann mit dem MATLAB-Befehl `invhilb` ermittelt werden.

Aufgabe. Das LAPACK-Manual warnt vor folgendem „Kunstfehler":

Do not attempt to solve a system of equations $Ax = b$ by first computing A^{-1} and then forming the matrix-vector product $x = A^{-1}b$.

Diese Aufgabe erarbeitet eine Begründung.

- Recherchiere im Internet, wieviele Flop der „Kunstfehler" benötigt, wenn A^{-1} mit dem LAPACK-Programm `xGETRI` (steckt hinter dem Matlab-Befehl `inv`) berechnet wird? Vergleiche mit dem Standardverfahren `x=A\b`.
- Charakterisiere mit dem Instabilitätskriterium (R) aus §13.8, für welche A der „Kunstfehler" in seiner *Rückwärtsstabilität* gefährdet ist.
- Konstruiere ein reproduzierbares Beispiel, für das der „Kunstfehler" (in Matlab) einen unbestreitbar *sehr großen* Rückwärtsfehler liefert, das Standardverfahren hingegen einen solchen in der Größenordnung der Maschinengenauigkeit. Schätze und beurteile zusätzlich den Vorwärtsfehler.

Hinweis. Benutze normweise relative Fehler mit der $\| \cdot \|_\infty$-Norm. Ein „exaktes" x ist tabu.

Aufgabe. Eine Matrix $A \in \mathbb{K}^{m \times m}$ heißt *zeilenweise diagonaldominant*, falls

$$|a_{jj}| \geqslant \sum_{\substack{k=1 \\ k \neq j}}^{m} |a_{jk}| \qquad (j = 1 : m).$$

Sie heißt *spaltenweise* diagonaldominant, wenn A' zeilenweise diagonaldominant ist.

- Zeige für $A \in \mathrm{GL}(m; \mathbb{K})$: Ist A spaltenweise diagonaldominant, so benötigt Dreieckszerlegung *mit* Spaltenpivotisierung *keine* Zeilenvertauschungen.

- Beurteile den Vorschlag, auch für *zeilenweise* diagonaldominantes $A \in \mathrm{GL}(m; \mathbb{K})$ auf Spaltenpivotisierung zu verzichten.
  Hinweis: Vergleiche die Wachstumsfaktoren von A und A'.

Kleinste Quadrate

Aufgabe. Betrachte zu Messungen $b = (\beta_1, \ldots, \beta_m)' \in \mathbb{R}^m$ und $t = (\tau_1, \ldots, \tau_m)' \in \mathbb{R}^m$ folgende drei Modelle (mit zufälligen Störungen ϵ_j und Parametern θ_k):

$$\text{(i)} \quad \beta_j = \theta_1 \tau_j + \theta_2 + \epsilon_j,$$

$$\text{(ii)} \quad \beta_j = \theta_1 \tau_j^2 + \theta_2 \tau_j + \theta_3 + \epsilon_j,$$

$$\text{(iii)} \quad \beta_j = \theta_1 \sin(\tau_j) + \theta_2 \cos(\tau_j) + \epsilon_j.$$

Gesucht ist die Kleinste-Quadrate-Schätzung x für $p = (\theta_1, \theta_2)'$ bzw. $p = (\theta_1, \theta_2, \theta_3)'$.

- Schreibe die Schätzung als Ausgleichsproblem $\|Ax - b\|_2 = \min!$.

- Schreibe ein MATLAB-Programm, welches für die Eingaben b und t für jedes der Modelle die Schätzung x numerisch stabil berechnet.

Aufgabe. Für die Koeffizienten $(\alpha, \beta)' \in \mathbb{R}^2$ einer Regressionsgeraden $y = \alpha x + \beta$ zu den Messwerten $(x_1, y_1), \ldots, (x_m, y_m)$ findet sich oft die Formel

$$\alpha = \frac{\overline{xy} - \bar{x}\bar{y}}{\overline{xx} - \bar{x}\bar{x}}, \qquad \beta = \bar{y} - \alpha \bar{x},$$

wobei $\bar{x} = \frac{1}{m} \sum_{j=1}^{m} x_j$, $\overline{xy} = \frac{1}{m} \sum_{j=1}^{m} x_j y_j$, etc. die jeweiligen Mittelwerte bezeichnen.

- Zeige, dass man diese Formel ganz unmittelbar erhält, wenn man die Normalgleichung des linearen Ausgleichsproblems

$$\|y - \alpha x - \beta\|_2 = \min!$$

mit der *Cramer'schen Regel* löst.

- Begründe, warum diese Formel in ihrer Stabilität gefährdet ist.

- Konstruiere ein konkretes Beispiel, für das die Formel tatsächlich *instabil* ist.

- Wie berechnet man die Koeffizienten α und β stattdessen numerisch stabil?

Aufgabe. $A \in \mathbb{R}^{m \times n}$ mit $m \gg n$ habe vollen Spaltenrang.

- Zeige: $\|b - Ax\|_2 = \min!$ ist *äquivalent* zu

$$\underbrace{\begin{pmatrix} I & A \\ A' & 0 \end{pmatrix}}_{=B} \begin{pmatrix} r \\ x \end{pmatrix} = \begin{pmatrix} b \\ 0 \end{pmatrix}.$$

- Schlage einen Algorithmus zur Lösung dieses linearen Gleichungsystems vor (die Nullen in I und 0 dürfen vereinfachend ignoriert werden). Was ist der Aufwand?

- Für ein σ-abhängiges Ausgleichsproblem seien $\kappa_2(A) = 10^7$ und $\kappa_{LS} = 10^{10}$ *unabhängig* von σ, die Kondition $\kappa_2(B)$ besitze aber folgende *Abhängigkeit*:

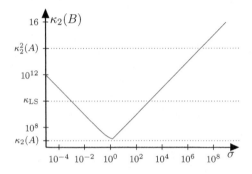

Für welche σ-Bereiche wäre es aus Stabilitätsgründen vertretbar, das Ausgleichsproblem $\|b - Ax\|_2 = \min!$ über das Gleichungssystem mit der Matrix B zu lösen?

Eigenwertprobleme

Aufgabe. Folgende Grafik zeigt die Niveaulinien der Funktionen $F_k \colon \lambda \mapsto \text{sep}(\lambda, A_k)$ für die Werte 0.1 (blau) 1.0 (rot) und 2.0 (grün); Sterne markieren die Eigenwerte selbst:

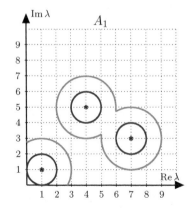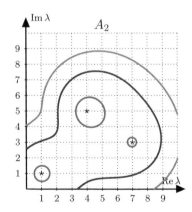

- Gib an, welche der Matrizen auf Grund der Bilder *nicht* normal sein können.

- Schätze für A_1 und A_2 die *absolute* Kondition des Eigenwerts $\lambda_* = 4 + 5i$ ab.

Aufgabe. Zeige für $A \in \mathbb{C}^{m \times m}$ den *Kreisesatz von Gerschgorin*:

$$\sigma(A) \subset \bigcup_{j=1,\dots,n} K_j, \qquad \text{wobei} \qquad K_j = \left\{ z \in \mathbb{C} : |z - \alpha_{jj}| \leqslant \sum_{k \neq j} |\alpha_{jk}| \right\}.$$

Hinweis: Betrachte die j-te Zeile von $Ax = \lambda x$, für die der Betrag der Komponente von x maximal ist.

Aufgabe. Es sei $A \in \mathbb{C}^{m \times m}$ und (λ, x) ein Eigenpaar von A. Der Rayleigh-Quotient

$$\rho(x, A) = \frac{x' A x}{x' x}$$

besitzt die Störungseigenschaft ($\tilde{x} = x + h$, $h \to 0$):

$$\rho(\tilde{x}, A) = \rho(x, A) + O(\|h\|), \quad \text{bzw. für *normale* Matrizen} \quad \rho(\tilde{x}, A) = \rho(x, A) + O(\|h\|^2).$$

Aufgabe. Die normalen Matrizen A, B und C haben folgende Spektren:

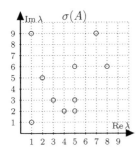 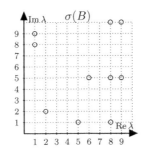 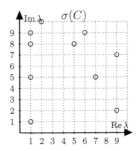

Für jede Matrix wird die inverse Vektoriteration mit Shift $\mu = 5 + 5i$ ausgeführt. Folgende Graphik zeigt die Fehler $\epsilon_k = |\mu_k - \lambda|$ zwischen EW-Approximation μ_k im j-ten Schritt und jenem EW λ, gegen den die Iteration konvergiert:

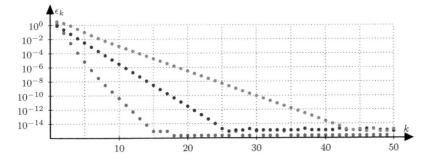

- Gegen welchen EW λ konvergiert die Iteration für A, B und C?
- Ordne die Konvergenzverläufe (grün, rot, blau) den Matrizen zu.
- Berechne anhand der Spektren die Konvergenzraten in der Form $\epsilon_k = O(\rho^k)$.

Aufgabe. Für die EW einer normalen Matrix A und den Shift μ gelte

$$|\mu - \lambda_1| < |\mu - \lambda_2| \leqslant \cdots \leqslant |\mu - \lambda_m|, \qquad |\mu - \lambda_1| / |\mu - \lambda_2| = 0.125.$$

Wieviele Iterationsschritte k benötigt die inverse Vektoriteration überschlagmäßig, um in einfach-genauer IEEE-Arithmetik ein approximatives Eigenpaar (μ_k, v_k) mit einem Rückwärtsfehler $O(\epsilon_{\text{mach}})$ zu berechnen? Welches Eigenpaar wird approximiert?

Aufgabe. Verwendet man im k-ten Schritt der inversen Vektoriteration statt eines *festen* Shifts $\mu_0 = \mu$ die aktuelle EW-Schätzung μ_{k-1} als *dynmamischen* Shift, so erhält man für *reell symmetrische* Matrizen extrem schnelle Konvergenz: In jedem Schritt *verdreifacht* sich die Anzahl korrekter Ziffern im EW, so dass bereits nach 3–4 Schritten Maschinengenauigkeit erreicht ist (kubische Konvergenz, vgl. §21.10). Dieses Verfahren heißt *Rayleigh-Iteration*.

- Protokolliere für den Startshift $\mu_0 = 5$ den Verlauf der μ_k dieser Iteration für

$$A = \begin{pmatrix} 2 & 1 & 1 \\ 1 & 3 & 1 \\ 1 & 1 & 4 \end{pmatrix}.$$

- Wieviele Schritte würde die inverse Vektoriteration für Dimensionen $m \gg 1$ benötigen, um wirklich *teurer* als 4 Schritte der Rayleigh-Iteration zu sein?

Aufgabe. Es sei $\mu \in \mathbb{C}$. Schreibe eine MATLAB-Funktion, die unter Verwendung einer bereits vorab berechneten Schur'schen Normalform $Q'AQ = T$ folgendes „nachreicht":

- einen zu μ nächstgelegenen EW $\lambda \in \sigma(A)$;
- einen zu λ gehörenden normierten EV x von A;
- den Rückwärtsfehler des approximativen Eigenpaars (λ, x).

Aufgabe. Es seien $A, B, C \in \mathbb{C}^{m \times m}$ gegeben. Die Sylvester-Gleichung für $X \in \mathbb{C}^{m \times m}$

$$AX - XB = C \tag{*}$$

kann mit den Schur'schen Normalformen $U'AU = R$ und $V'BV = S$ auf die Form

$$RY - YS = E \tag{**}$$

mit $E = U'CV$ und $Y = U'XV$ gebracht werden.

- Finde einen Algorithmus zur Berechnung der Lösung Y von (**).
  Hinweis: Schreibe (**) als m Gleichungen für die Spalten von Y.
- Zeige: (*) ist genau dann eindeutig lösbar, falls $\sigma(A) \cap \sigma(B) = \emptyset$.
- Implementiere in MATLAB einen Algorithmus zur Lösung von (*). Wie viele Operationen benötigt er?
  Hinweis: Verwende den MATLAB-Befehl schur. Er benötigt $O(m^3)$ flop.

Aufgabe. Für die reelle Matrix $A_0 \in \mathbb{R}^{m \times m}$ habe der rechte untere 2×2 Block in (21.3) die konjugiert komplexen EW $\lambda, \lambda' \notin \sigma(A_0)$.

- Für zwei Schritte der *QR*-Iteration mit dem *Doppelshift von Francis*,

$$A_0 - \lambda I = Q_0 R_0, \quad A_1 = R_0 Q_0 + \lambda I, \quad A_1 - \lambda' I = Q_1 R_1, \quad A_2 = R_1 Q_1 + \lambda' I,$$

  ist bei Verwendung normierter *QR*-Zerlegungen auch A_2 reell: $A_2 \in \mathbb{R}^{m \times m}$.

- Wie kann der Übergang $A_0 \mapsto A_2$ nur mit *reellen* Operationen realisiert werden?

Notation

$\mathbb{K}$	Körper $\mathbb{R}$ oder $\mathbb{C}$
$\alpha, \beta, \gamma, \ldots, \omega$	Skalare
$a, b, c, \ldots, z$	Vektoren (Spaltenvektoren)
$a', b', c', \ldots, z'$	Kovektoren (Zeilenvektoren)
$A, B, C, \ldots, Z$	Matrizen
i, j, l, m, n, p	Indizes/Dimensionen
$1:m$	Kolon-Notation für $1, \ldots, m$
$[\mathcal{A}]$	Iverson-Klammer: 1, falls Aussage $\mathcal{A}$ richtig ist, 0 sonst
A'	Adjungierte der Matrix A
a^k, a'_j	k-te Spalte, j-te Zeile der Matrix A
e^k, e_k	k-ter Einheitsvektor
$\mathrm{diag}(x)$	aus dem Vektor x gebildete Diagonalmatrix
$\mathrm{GL}(m; \mathbb{K})$	allgemeine lineare Gruppe der Dimension m
P_π	Permutationsmatrix
$\|E\|, [\![E]\!]$	Norm und Fehlermaß einer Matrix E
$\kappa(f; x)$	Kondition von f in x
$\kappa(A)$	Kondition der Matrix A
$\mathrm{cond}(A, x)$	Skeel–Bauer Kondition des Gleichungssystems $Ax = b$
$\mathbb{F}$	Menge der Gleitkommazahlen
$\mathrm{fl}(\xi)$	Darstellung von ξ als Gleitkommazahl
ϵ_{mach}	Maschinengenauigkeit
$\doteq$	Gleichheit nach Rundung
$\doteq, \lessgtr$	Gleichheit, Abschätzung in führender Ordnung
$\gamma(A)$	Wachstumsfaktor der Matrix A
$\omega(\tilde{x})$	Rückwärtsfehler der Näherungslösung $\tilde{x}$
$\mathrm{sep}(\lambda, A)$	Separation zwischen λ und A

© Springer Fachmedien Wiesbaden GmbH, ein Teil von Springer Nature 2018
F. Bornemann, *Numerische lineare Algebra*, Springer Studium Mathematik – Bachelor,
https://doi.org/10.1007/978-3-658-24431-6

Index

© Springer Fachmedien Wiesbaden GmbH, ein Teil von Springer Nature 2018
F. Bornemann, *Numerische lineare Algebra*, Springer Studium Mathematik – Bachelor,
https://doi.org/10.1007/978-3-658-24431-6

Ihr Bonus als Käufer dieses Buches

Als Käufer dieses Buches können Sie kostenlos das eBook zum Buch nutzen.
Sie können es dauerhaft in Ihrem persönlichen, digitalen Bücherregal
auf **springer.com** speichern oder auf Ihren PC/Tablet/eReader downloaden.

Gehen Sie bitte wie folgt vor:

1. Gehen Sie zu **springer.com/shop** und suchen Sie das vorliegende Buch
   (am schnellsten über die Eingabe der eISBN).
2. Legen Sie es in den Warenkorb und klicken Sie dann auf:
   zum Einkaufswagen / zur Kasse.
3. Geben Sie den untenstehenden Coupon ein. In der Bestellübersicht wird
   damit das eBook mit 0 Euro ausgewiesen, ist also kostenlos für Sie.
4. Gehen Sie weiter **zur Kasse** und schließen den Vorgang ab.
5. Sie können das eBook nun downloaden und auf einem Gerät Ihrer Wahl lesen.
   Das eBook bleibt dauerhaft in Ihrem digitalen Bücherregal gespeichert.

EBOOK INSIDE

eISBN	978-3-658-24431-6
Ihr persönlicher Coupon	2X5Hy7JYPy5eJeg

Sollte der Coupon fehlen oder nicht funktionieren, senden Sie uns bitte
eine E-Mail mit dem Betreff: **eBook inside** an **customerservice@springer.com**.

Printed by Printforce, the Netherlands